21 世纪高等职业教育精品课示范性规划教材

计算机应用基础实训与上机指导

主　编　邓润梅

副主编　胡　辉

编　委　刘　宁　黄　初　兰　璇

彭　克　冯　凌

北京理工大学出版社
BEIJING INSTITUTE OF TECHNOLOGY PRESS

内 容 简 介

当今，熟练地使用计算机已成为求职就业所需的一项基本技能，《计算机应用基础》是高职高专院校的一门公共基础课，通过这门课程的学习，能使学生系统地了解计算机的基本知识和操作方法。

本书是《计算机应用基础》一书的配套习题与上机实验指导，内容包括 Windows XP 操作系统的使用、IE 浏览器及电子邮件、Microsoft Office·2003 中的 Word、Excel、PowerPoint 的使用等。

本书适用于高职高专计算机与电子信息类专业作为教材，也适于成人教育和自学者使用。

图书在版编目（CIP）数据

计算机应用基础实训与上机指导/邓润梅主编. —北京：北京理工大学出版社，2009.8（2013.8重印）

ISBN 978 - 7 - 5640 - 2621 - 9

Ⅰ．计⋯　Ⅱ．邓⋯　Ⅲ．电子计算机 - 高等学校：技术学校 - 教学参考资料　Ⅳ．TP3

中国版本图书馆 CIP 数据核字（2009）第 142706 号

出版发行／北京理工大学出版社

社　　　址／北京市海淀区中关村南大街 5 号
邮　　　编／100081
电　　　话／(010)68914775(办公室)　68944990(批销中心)　68911084(读者服务部)
网　　　址／http：// www. bitpress. com. cn
经　　　销／全国各地新华书店
印　　　刷／北京富达印务有限公司
开　　　本／710 毫米×1000 毫米　1/16
印　　　张／9.75
字　　　数／181 千字
版　　　次／2009 年 8 月第 1 版　　2013 年 8 月第 4 次印刷
印　　　数／7301～10 300 册　　　　　　　　　　　　　责任校对／陈玉梅
定　　　价／22.00 元　　　　　　　　　　　　　　　　责任印制／王美丽

图书出现印装质量问题，本社负责调换

出 版 说 明

    科技的全面创新和现代社会的迅猛发展，反映了科学理论对新技术的指导作用以及科技对现代社会发展的推动作用。面临着这个难得的机遇和挑战，我国高等教育正进一步深化改革，进行教育理念和教学模式的转变，充分发掘学生的综合能力，构建现代教学模式，并扎实推动基础教育的改革方向。

    为顺应我国教育改革方向，服务国家战略全局，本套书以提高毕业生综合素质、提高就业率为出发点，结合当今企事业单位对高校毕业生的要求，强调高校学生综合素质的全面提升；并强调以服务为宗旨，努力提升服务社会的能力和水平，实现了优质教育资源的跨区域共享。

图书定位：

    本套教材在内容设置上不断拓展思路，推陈出新。作者依据科学的调研数据及准确的数据分析，编写出全面提升当今大学生综合素质的教材内容；强调在能力培养上突出创新性与实践性，注重学生的自主性及学生发展的全面性。这一举措既是高素质人才培养规律的要求，也是突破教学资源瓶颈的有效举措。

图书特色：

- 以就业为导向，培养学生的实际应用能力。
- 以人才培养为中心，围绕学生的全面发展制订内容。
- 以内容为核心，注重形式的灵活性，以便学生易于接受。
- 以提高学生综合素质为基础，注重对学生理论知识体系的构建。

读者定位：

本系列教材主要面向全国高等学校在校教师以及学生。

丛书特色：

- 层次性强。各教材的编写严格按照由浅及深，循序渐进的原则，突出重点、难点，以提高学生的学习效率。

● 实用性强。丛书有较强的指导性，使学生对知识有较准确的把握。

● 先进性强。丛书引进国内外先进的教学理念，使学生在对基础知识有明确了解的同时，提高自主创新能力。

北京理工大学出版社

前 言

计算机在我们的生活和工作中已经扮演着越来越重要的作用，计算机已不再单纯是一种高科技产品，而更是一种必须掌握的先进工具。每个人都需要在一定程度上了解计算机的基础知识，掌握其基本操作，进而能够使用其解决实际问题。当今，熟练地使用计算机已成为求职就业所需的一项基本技能，〈计算机应用基础〉，是高职高专院校的一门公共基础课，通过这门课程的学习，能使学生系统地了解计算机的基本知识和操作方法。

作为当代大学生有必要在校将〈计算机应用基础〉这门课程学好，本书就计算机基础知识对学生学习专业的影响，以及在将来对工作和生活的影响，分析了学生学习计算机基础知识的重要性。在学习计算机知识与技能的过程中，要从想到用，用到自己的学习、工作和生活中。作为人脑的延伸物，让计算机为广大用户思维、动筹、论证、决策，以提高分析问题和解决问题的能力。

人们常说"熟能生巧"，泛指学用一般工具，对学用计算机这种智力工具，就不仅仅是"生巧"了，而是"益智"。计算机浓缩着人类智慧的结晶，集成着现代人的思维方式和科学方法，通过对计算机的熟练掌握，人们的工作效率会更高，生活会更美好。

《计算机应用基础案例实训与上机指导》是《计算机应用基础》一书的配套习题与上机实验指导，按照新的技术发展和社会各行业的就业需求编写，旨在为各类职业技术院校学生提供一本既有一定理论基础又注重操作技能的实用教程。本书面向计算机知识零起点的读者，内容丰富、广度和深度适当，技术新且实用，图文并茂，通俗易懂，讲解清楚。注重知识的基础性、系统性与全局性，兼顾前瞻性与引导性。

语言精炼，应用案例丰富，讲解内容深入浅出。体系完整，内容充实，注重应用性与实践性。

讲求实用，培养技能，提高素质，拓展视野。主要内容有：计算机基础知识，中文 WindowsXP、中文内容包括 Windows XP 操作系统的使用、IE 浏览器及电子邮件、Microsoft Office 2003 中的 Word、Excel、PowerPoint 的使用等。本书由邓润梅担任主编，胡辉担任副主编。第 2 章由彭克编写，第 3 章由冯凌编写，第 4、6 章由兰璇编写，第 5 章由黄初编写，第 7 章由刘宁编写。

本书按照学生的认知规律，由浅入深、循序渐进地安排教学内容。为突出实际应用和提高能力，各章均配有实训任务和练习题。

《计算机应用基础案例实训与上机指导》可作为各类职业院校、大中专院校、成人教育计算机公共基础课的教材，同时也可作为全国计算机等级考试（NCRE）、一级 MS OFFICE 考试和全国计算机高新技术考试（OSTA）的参考用书，对公务员、办公人员、电脑初学者及爱好者，《计算机应用基础案例实训与上机指导》也具有很好的参考价值。

　　由于时间仓促，加之编写水平有限，书有难免有不当之处，恳请各位专家、同行和广大读者批评指正。

编　者

目　　录

第一部分　上　机　实　训

第 1 章　文字录入实训 ………………………………………………………… 1

实训 1.1　字母键键位练习 ……………………………………………… 1

1. 实验目的 …………………………………………………………… 1

2. 实验任务 …………………………………………………………… 1

3. 实验步骤 …………………………………………………………… 2

实训 1.2　中文录入练习 ………………………………………………… 3

1. 实验目的 …………………………………………………………… 3

2. 实验任务 …………………………………………………………… 3

3. 实验步骤 …………………………………………………………… 4

第 2 章　Windows XP 操作系统实训 ………………………………………… 6

实训 2.1　Windows 操作系统的桌面 …………………………………… 6

1. 实验目的 …………………………………………………………… 6

2. 实验任务 …………………………………………………………… 6

3. 实验步骤 …………………………………………………………… 6

4. 实验结果 …………………………………………………………… 7

实训 2.2　"我的电脑"操作 ……………………………………………… 7

1. 实验目的 …………………………………………………………… 7

2. 实验任务 …………………………………………………………… 8

实训 2.3　显示屏的设置 ………………………………………………… 8

1. 实验目的 …………………………………………………………… 8

2. 实验任务 …………………………………………………………… 9

3. 实验步骤 …………………………………………………………… 9

实训 2.4　控制面板的使用 ……………………………………………… 10

1. 实验目的 …………………………………………………………… 10

2. 实验任务 …………………………………………………………… 10

3. 实验步骤 …………………………………………………………… 10

第 3 章　Word 实训 …………………………………………………………… 13

实训 3.1　Word 基本操作 ………………………………………………… 13

1. 实验目的 …………………………………………………………… 13

　2. 实验任务 ·· 13

　3. 实验步骤 ·· 14

实训 3.2　Word 文档排版 ··· 17

　1. 实验目的 ·· 17

　2. 实验任务 ·· 17

　3. 实验步骤 ·· 17

实训 3.3　Word 表格制作 ··· 23

　1. 实验目的 ·· 23

　2. 实验任务 ·· 23

　3. 实验步骤 ·· 24

实训 3.4　Word 文档高级排版 ·· 26

　1. 实验目的 ·· 26

　2. 实验任务 ·· 26

　3. 实验步骤 ·· 26

实训 3.5　综合实训 ··· 28

第 4 章　Excel 实训 ··· 30

实训 4.1　Excel 工作表的基本操作 ······································· 30

　1. 实验目的 ·· 30

　2. 实验任务 ·· 30

　3. 实验步骤 ·· 30

实训 4.2　Excel 公式与函数的应用 ······································· 31

　1. 实验目的 ·· 31

　2. 实验任务 ·· 31

　3. 实验步骤 ·· 31

实训 4.3　Excel 图表的制作 ·· 33

　1. 实验目的 ·· 33

　2. 实验任务 ·· 33

　3. 实验步骤 ·· 33

实训 4.4　Excel 数据管理 ··· 34

　1. 实验目的 ·· 34

　2. 实验任务 ·· 34

　3. 实验步骤 ·· 34

实训 4.5　综合实训 ··· 36

　1. 实验目的 ·· 36

　2. 实验内容 ·· 36

　3. 实验步骤 ·· 36

第5章　PowerPoint 实训 ……………………………………………………38

　实训 5.1　建立并修饰演示文稿 ……………………………………………38

　　1. 实验目的 ………………………………………………………………38

　　2. 实验任务 ………………………………………………………………38

　实训 5.2　幻灯片的动画和超链接技术 ……………………………………39

　　1. 实验目的 ………………………………………………………………39

　　2. 实验任务 ………………………………………………………………39

　实训 5.3　PPT 综合练习 ……………………………………………………39

第6章　Internet 实训 …………………………………………………………42

　实训 6.1　网上浏览 …………………………………………………………42

　　1. 实验目的 ………………………………………………………………42

　　2. 实验任务 ………………………………………………………………42

　　3. 实验步骤 ………………………………………………………………42

　实训 6.2　电子邮件 …………………………………………………………44

　　1. 实验目的 ………………………………………………………………44

　　2. 实验任务 ………………………………………………………………44

　　3. 实验步骤 ………………………………………………………………44

第二部分　习　题　指　导

一、计算机基础知识 ……………………………………………………………49

　习题 1.1　选择题 ……………………………………………………………49

　习题 1.2　填空题 ……………………………………………………………57

　习题 1.3　判断题 ……………………………………………………………58

　习题 1.1　选择题参考答案 …………………………………………………58

　习题 1.2　填空题参考答案 …………………………………………………59

　习题 1.3　判断题参考答案 …………………………………………………59

二、Windows XP 部分 ……………………………………………………………59

　习题 2.1　选择题 ……………………………………………………………59

　习题 2.2　填空题 ……………………………………………………………65

　习题 2.3　判断题 ……………………………………………………………65

　习题 2.4　简答题 ……………………………………………………………66

　习题 2.5　操作题 ……………………………………………………………66

　习题 2.1　选择题参考答案 …………………………………………………69

　习题 2.2　填空题参考答案 …………………………………………………69

　习题 2.3　判断题参考答案 …………………………………………………70

　习题 2.4　简答题参考答案 …………………………………………………70

三、Word 2003 部分 ··· 71
　习题 3.1　选择题 ··· 71
　习题 3.2　填空题 ··· 84
　习题 3.3　操作题 ··· 84
　习题 3.1　选择题参考答案 ··· 101
　习题 3.2　填空题参考答案 ··· 102
四、Excel 2003 部分 ·· 102
　习题 4.1　选择题 ·· 102
　习题 4.2　填空题 ·· 111
　习题 4.3　判断题 ·· 112
　习题 4.4　操作题 ·· 112
　习题 4.1　选择题参考答案 ··· 127
　习题 4.2　填空题参考答案 ··· 127
　习题 4.3　判断题参考答案 ··· 127
五、PowerPoint 2003 部分 ··· 127
　习题 5.1　选择题 ·· 127
　习题 5.2　填空题 ·· 131
　习题 5.3　判断题 ·· 131
　习题 5.4　操作题 ·· 132
　习题 5.1　选择题参考答案 ··· 138
　习题 5.2　填空题参考答案 ··· 138
　习题 5.3　判断题参考答案 ··· 138
六、计算机网络部分 ·· 138
　习题 6.1　选择题 ·· 138
　习题 6.2　填空题 ·· 143
　习题 6.3　简答题 ·· 143
　习题 6.1　选择题参考答案 ··· 143
　习题 6.2　填空题参考答案 ··· 144
　习题 6.3　简答题参考答案 ··· 144

第一部分

上 机 实 训

第1章 文字录入实训

实训1.1 字母键键位练习

1. 实验目的

（1）了解键盘录入时的指法要求。

（2）了解英文打字键区的基本指法。

【注】计算机键盘上的字母键区的键位安排与英文打字机键盘上的键位基本相同，称之为打字机键区。

2. 实验任务

在 Windows 记事本中按以下指法进行英文字母的录入练习：

（1）坐姿端正，两脚平放地上，肩部放松，大臂自然下垂，前臂与后臂间略小于 90°，指端的第一关节与键盘成 80°，右手拇指轻放在空格键上。打字时除了手指悬放在基本键上外，身体的其他部位都不能放在键盘边沿的桌子上。

（2）9 个手指（左手大指不用）分管不同的键位，如图 1-1 所示。

（3）不击键时，将左手小指、无名指、中指、食指分别置于 ASDF 键上，左手拇指自然向掌心弯曲，将右手食指、中指、无名指、小指分别置于 JKL；键上，右手拇指轻置于空格键上。

图 1-1　主键盘区

【注】将 ASDFJKL；8 个键称为基准键。基准键和空格键是 10 个手指不击键

时的停留位置。多数情况下手指由基准键出发分工击打各自的键位。

（4）稿件放在键盘右边，眼睛只看稿件（盲打），各手指分别击键，击键迅速、准确、力度适当，尽量从基准键出发击键。

3. 实验步骤

1）基准键练习

基准键是手指在键盘上应保持的固定键位。击打其他键时都是根据基准键来定位的。因此，只有练习好基准键，录入水平才能逐步提高。

要求：每行录入 10 遍，录完一行后检查有无错误，如有错再重复，直到无错为止。

（1）aaasssdddfffggghhhjjjkkklll;;;

（2）;;;lllkkkjjjhhhgggfffdddsssaaaa

（3）gfdsahjkl;

（4）asdfg;lkjh

（5）;lkjhgfds

（6）aa;;sslldddkkffjjgghh

（7）asasdsdfdfgfhjhjkjklkl;l

（8）gfgjhfdfjkjkdsdklksasl;l

2）基准键加空格键与换行键练习

要求：每行录入 10 遍，录完一行后检查有无错误，如有错再重复，直到无错为止。

（1）aaa sss ddd fff ggg hhh jjj kkk lll ;;;

（2）;;; lll kkk jjj hhh ggg fff ddd sss aaa

（3）asa sds dfd fgf ghg jhj kjk lkl ;l;

（4）asdfg gfdsa hjkl; ;lkjh

3）字母键、符号键以及空格键、换行键练习

要求：每行录入 10 遍以上，直到无错为止。

（1）qqq www eee rrr ttt yyy uuu iii ooo ppp zzz xxx ccc vvv bbb nnn mmm ,,, … ///

（2）qwert yuiop asdfg hjkl; zxcvb nm ,./

（3）bgt nhy vfy mju vde ,ki xsw .lo xaq /'p

（4）qaz p;/ wsx ol. edc ik, rfv ujm yhn

4）食指练习

食指分管的键位多，使用频率高，练习时容易在两个字符之间击错，因此，练习时必须找准键位。无论食指分管哪个键都必须从食指的基准键 F 和 J 出发，要在练习中逐步体会每个键的动作幅度。

要求：每行录入 10 遍以上，直到无错为止。

（1）rrr ttt fff ggg vvv bbb yyy uuu hhh jjj nnn mmm

（2）bvg bvf bvr bft bfr bgt bgr nmh nmj nmy nmu nhy nhu

（3）trv trb trf trg yun yum yjm

（4）rfv tgb yhn ujm vbv nmn fgf trt

（5）rtyu fghj vbnm mnbv jhgf uytr

5）中指练习

中指从基准键 D、K 出发，微斜上伸击键，微弯曲向下弹击，逐渐产生键位感。

要求：每行录入 10 遍以上，直到无错为止。

（1）eee ddd ccc iii kkk,,, ccc ddd eee,,, kkk iii

（2）edc cde ik, ,ki ece eie eke e,e ded dcd kik k,k kck kdk kek

6）无名指练习

无名指灵活性差，练习时不易找准键位，容易出现对称性差错。练习时要与中指击键相比较，多加训练，找准键位。

要求：每行录入 10 遍以上，直到无错为止。

（1）sss www xxx lll ooo …

（2）sws sxs loll.l sls sos lsl lwl

（3）l. os olwx slw. ooww slsl lx.s llss .xlo ..xx .slx .lox wl.x ol.. lsow

7）小指练习

小指除分管前面介绍的 8 个键外，还分管 Shift、Enter 等键，小指灵活性差而且力量小，击键时容易变形，造成击键准确度差，回归基准键时出现错误。练习时要注意体会键位的感觉和手指动作的幅度。

要求：每行录入 10 遍以上，直到无错为止。

（1）aaa qqq zzz ppp ;;; /// \\\ ''

（2）aqz azq p'p '/' aza 'p'apa pap pqp qpq qaq qzq

（3）pp;; a;aq ;z;a ;`'[ []\' qppa p;z`][][zaqp qapp `;'\ qpaz

8）输入 26 个字母

本题意在进一步熟悉键位，是英文打字的必做题。

要求：严格按指法要求将 26 个小写字母输入 50 遍。

abcdefghijklmnopqrstuvwxyz

实训 1.2　中文录入练习

1. 实验目的

（1）初步掌握英文字母、数字，以及打字键区的其他符号的录入方法。

（2）掌握上下挡切换的方法。

2. 实验任务

在 Windows 记事本中按以下方法进行汉字录入练习：

（1）按组合键 Ctrl+Space（按住 Ctrl 键不放，再按 Space 键）启动或关闭汉字输入法，按组合键 Ctrl+Shift 键在英文和各种汉字输入法之间进行切换。

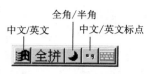

图 1-2   输入法工具条

（2）选用了汉字输入法之后，屏幕上将显示一个汉字输入法工具栏，如图 1-2 所示。

工具栏上的各个按钮都是开关按钮，单击即可改变输入法的某种状态，例如，在中文和英文状态之间切换、在全角（所有字符均与汉字同样大小）和半角之间切换、在中文和英文标点符号之间切换等。鼠标指针移到工具栏的边缘时将变成一个十字箭头形，此时按住左键拖动可把工具栏拖到任何位置。

【注】Windows 汉字输入法是和应用程序相关联的，即每个应用程序可以有不同的输入法。把某个程序变为当前窗口即为它选择了输入法，而当它变为不活动窗口或最小化时，输入法也随之变为不活动窗口或最小化状态。

3. 实验步骤

1）使用全拼输入法

打开 Windows 记事本，转到全拼输入法状态，输入以下汉字：

李刘王张我你上要主们做同学伟大情况等待通知考试导师计算机民政部多项式示范区百慕大葡萄牙加工厂不甘落后声东击西自欺欺人在某些方面中华人民共和国一切从实际出发

2）使用微软拼音输入法

【注】微软拼音输入法是 Windows 操作系统自带的一种汉字输入法。与其他拼音输入法相比，主要是增加了整行、整段的智能拼音输入，减少了重码字的选择次数，便于选择。

（1）进入编辑状态：打开 Windows 95 记事本，转到微软拼音输入法状态。

（2）输入句子：顺序输入拼音字母 "womenxianzaizhengzaishangjisuanjike"，则屏幕上出现变色显示的 "我们现在正在上计算机课"。

（3）修改：将光标移到 "我" 字处，则 wo 音的单字和词语候选窗自动出现，按数字键选择 "我" 字。

（4）结束整句输入：按 Enter 键并输入句号。

可仿此输入其他句子。

【注】在输入句子的过程中，如需使用菜单或工具栏，必须提前按下 Enter 键，以防输入的汉字丢失。

3）综合练习

任意采用一种汉字输入法反复输入以下短文（至少 10 遍）：

这栋楼倒塌是在深夜，没有人想到会有人在里面。直到早上，城建处才有人来勘察，才听到附近的人说昨晚似乎看到有间办公室一直亮着灯，但不知道有没有人。在查询了这楼里的单位的人员后，确定了霜在楼房倒塌时在里面。于是通知了 110，医院急救中心和建筑队组织人员抢救，并有相关领导迅速到场指挥。

抢救是顺利的，当挖开一块一块的水泥板，撬开一根又一根的钢筋后，施救人员首先发现了石。当抬他上来时，石的神智还是清醒的，他拒绝现场医护人员的救治，并且不肯上救护车，他躺在废墟边的担架里，嘴里不断喃喃地说着："救她……救她……"，在场的一位经验丰富的医生看到石时，已经知道无法救治了，也不勉强将其抬上救护车，因为可能稍一移动便是致命的，只示意护士给他输血，但针管插入后血已输不进去了。他的嘴边不断溢着血，这是内脏受了严重外伤的反映，估计是肋骨断裂后插入所致，他的一只手已经断了，断裂处血已停止流动，两条腿的骨头也全是粉碎性骨折。致命的是，从他的脸色中可以看出血几乎已经流尽了。

　　4）自己找几篇文章，按以上方法反复练习

第2章 Windows XP 操作系统实训

实训 2.1 Windows 操作系统的桌面

1. 实验目的

（1）了解 Windows 操作系统桌面的结构与主要对象。

（2）掌握 Windows 操作系统桌面上常用对象的使用方法。

2. 实验任务

（1）查看 Windows 操作系统的桌面、桌面上的常见图标和任务栏上的主要组成部分。

（2）练习 Windows 操作系统的启动和关闭方法。

（3）练习 Windows 桌面图标的整理、任务栏的移动和隐藏等操作方法。

（4）查看"开始"菜单的常用选项及其功能。

3. 实验步骤

1）拖动图标

（1）任意调整几个图标的位置。

（2）将桌面上的图标整体右移，再将桌面上第二列的图标整体右移。

2）改变图标标题

例如，可将"我的电脑"图标的标题改为"本机资源"。

3）排列图标

右键单击桌面空白处，在弹出的快捷菜单中选择"排列图标"选项，在级联菜单中选择"按名称"或"按类型"选项来排列图标。

【注】做完上述操作之后，将"本机资源"图标变回原来的标题。

4）保持桌面现状

右键单击桌面空白处，在弹出的快捷菜单中选择"排列图标"选项，在级联菜单中选择"自动排列"选项，则该选项处出现√符号，其后的移动图标操作将被禁止。

【注】执行前几步时，须先关闭"自动排列"选项，即取消√符号的显示操作才是有效的。

5）改变任务栏高度

先使任务栏变高（拖动上缘）再恢复原状。

6）改变任务栏位置

将任务栏移到左边缘（指针指向任务栏空白处，按住左键拖动）再恢复原状。

7）设置任务栏选项

选择"开始"菜单中的"设置"选项，在级联菜单中选"任务栏"选项，在"任务栏属性"对话框中的 3 个复选框（有 √ 符号）中进行选择。

8）在桌面上添加一个应用程序的快捷方式

打开"资源管理器"窗口，打开 Microsoft Office 子文件夹，将 WinWord 应用程序拖到桌面上，则桌面上会出现其快捷方式图标。

【注】也可在"我的电脑"窗口中进行操作，拖动时，还可利用快捷菜单辅助操作。

9）在桌面上添加一个文件夹

（1）右键单击桌面空白处，选择快捷菜单中的"新建"选项中的"文件夹"选项，则桌面上将出现一个名为"新建文件夹"的图标。

（2）右键单击图标的标题，选择快捷菜单中的"重命名"选项，输入"工具"，并在图标之外单击，则文件夹由"新建文件夹"改为"工具"。

10）使用"工具"文件夹

（1）将桌面上的"我的电脑"图标拖放到"工具"文件夹中，则会自动创建一个名为"我的电脑"的快捷方式。

（2）利用资源管理器按以下顺序打开"画图（Mspaint）"程序的图标：

单击 Windows→System32→Mspaint 命令。

右键单击 Mspaint（画图）应用程序图标，拖动到"工具"文件夹后松开，在快捷菜单中选择"在当前位置创建快捷方式"选项，则桌面上出现 Paint 图标，将其标题 Mspaint.exe 改成"画图"，并拖放到"工具"文件夹中。

（3）可仿照（2）将其他程序的快捷方式放入"工具"文件夹中。

4. 实验结果

本实验完成后，桌面上主要有以下变化：

（1）图标已经"按名称"或"按类型"排列整齐，且为禁止排列状态。

（2）桌面上多了一个"工具"文件夹图标，内有一个或多个应用程序的快捷方式或图标。

实训 2.2　"我的电脑"操作

1. 实验目的

（1）熟悉"我的电脑"及资源管理器窗口的组成。

（2）掌握文件（或文件夹）的选定；文件和文件夹的建立、打开、更名、删除等操作方法。

（3）熟练掌握文件（或文件夹）的移动、复制。

2. 实验任务

（1）进入资源管理器，建立文件夹，以自己姓名来命名文件夹。

（2）为了方便管理，请每个同学建立自己的文件夹树，如李丽同学建一名为"李丽"的文件夹，王梅同学建一名为"王梅"的文件夹，同时在自己的文件夹下分别建立 Word、Excel、PowerPoint 子文件夹，建成的文件夹树如下所示：

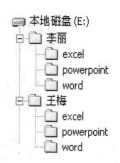

（3）进入自己的文件夹中，打开"文件"菜单中新建名为 LX1 的空文本文件、名为 LX2 的空图像文件和名为 LX3 的空声音文件。

（4）用 Shift 键配合练习文件（或文件夹）的连续多选。

（5）用 Ctrl 键配合练习文件（或文件夹）的不连续多选。

（6）鼠标指针指向需要改名的文件（或文件夹）单击右键，将弹出一快捷菜单，选择"重命名"命令完成改名操作。

（7）为了能清楚看到打开的多个窗口，将文件（或文件夹）准确移动或复制到目标位置，在"工具"菜单中选择"文件夹选项"选项，在对话框中的"常规"选项卡中选中"在不同的窗口中打开不同的文件夹"复选框。

（8）鼠标指针指向任务栏，单击右键弹出一快捷菜单，选择"横向平铺"选项将会在屏幕上看出同时打开的各个窗口。

（9）选择要复制（或移动）的文件（或文件夹），用拖曳的方法完成移动（同驱动器时），用 Ctrl 键配合，拖曳后将完成复制。在"查看"菜单中选择"选项"选项，在"选项"对话框的"文件夹"选项卡中选中"对每个文件夹均使用不同的窗口进行浏览"复选框。

实训 2.3　显示屏的设置

1. 实验目的

理解显示器的常用性能指标，掌握显示器的设置方法。

2. 实验任务

（1）练习"显示属性"对话框的使用方法。

（2）利用"显示属性"对话框进行桌面、显示器分辨率和屏幕保护程序的设置。

3. 实验步骤

1）打开"显示属性"对话框

按以下方法之一打开"显示属性"对话框：

（1）单击"开始"菜单，选择其中的"控制面板"选项，打开"控制面板"窗口，然后单击"控制面板"窗口中的"外观与主题"图标，再单击"显示"图标，弹出"显示属性"对话框，如图 2-1 所示。

图 2-1　"显示属性"对话框

（2）右键单击桌面空白处，选择快捷菜单中的"属性"选项。

2）按以下步骤设置屏幕保护程序

（1）在"屏幕保护程序"下拉列表中选择一项。

（2）单击"预览"按钮，观看所选程序的运行效果，如果不满意，可以再选择另一个屏幕保护程序。

（3）在"等待"文本框中输入或选择一个数字。

（4）单击"确定"按钮，关闭"显示属性"对话框。

3）按以下步骤设置桌面

（1）打开"显示属性"对话框，切换到"桌面"选项卡，如图 2-2 所示。

（2）在"背景"列表框中选择一幅图片，在"位置"下拉列表中选择一种排列方式，在"颜色"下拉列表中选择一种颜色。

（3）单击"确定"按钮，关闭"显示属性"对话框。

4）按以下步骤设置显示器的分辨率

（1）打开"显示属性"对话框，切换到"设置"选项卡，如图2-3所示。

（2）利用"屏幕区域"滑块调整屏幕的分辨率。

（3）在"颜色"下拉列表中选择一种颜色。

（4）单击"确定"按钮，关闭"显示属性"对话框。

图2-2 "显示属性"对话框的桌面页　　　　图2-3 "显示属性"对话框的设置页

实训 2.4　控制面板的使用

1. 实验目的

理解计算机系统的常用性能指标，掌握利用控制面板进行计算机配置的方法。

2. 实验任务

（1）练习使用控制面板。

（2）使用控制面板进行计算机硬件系统、用户账号和密码，以及日期和时间等的设置。

3. 实验步骤

1）打开控制面板

（1）选择"开始"菜单中的"控制面板"选项，打开"控制面板"窗口，在左侧窗口"控制面板"栏中单击"切换到经典视图"命令，如图2-4所示。

（2）查看菜单内容和工具栏上主要按钮的种类，然后分别打开"系统"、"鼠标"、"管理工具"、"日期和时间"等对象的窗口，并查看菜单内容和工具栏上按钮的变化。

图 2-4　"控制面板"窗口

2）查看计算机性能

（1）在控制面板中按以下顺序进行操作：

单击"控制面板"→"管理工具"→"计算机管理"命令，逐步选择对象（双击），打开如图 2-5 所示的"计算机管理"窗口。

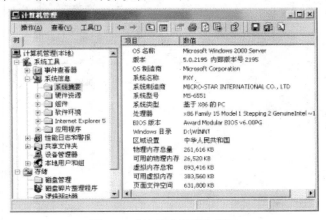

图 2-5　"计算机管理"窗口

（2）单击左窗格中"系统信息"选项左侧的 ⊞ 符号展开该选项。

（3）在左窗格中单击"系统摘要"选项选定它，在右窗格中查看系统的硬件和软件配置。

（4）单击左窗格中"硬件资源"选项左侧的 ⊞ 符号展开该项，并在右窗格中查看详细的硬件资源清单。

（5）单击左窗格中"软件环境"选项左侧的 ⊞ 符号展开该项，并在右窗格中查看软件配置。

（6）单击左窗格中"应用程序"选项左侧的➕符号展开该项，并在右窗格中查看已安装的应用程序。

3）设置日期和时间

（1）在"控制面板"窗口中双击"日期和时间"图标，打开"日期和时间属性"对话框，如图2-6所示。

（2）在"日期"栏的下拉列表框中输入或选择月份，在文本框中输入或选择年份，在列表框中选择日号。

（3）在"时间"栏的文本框中输入或选择时间，时间分为3段，在某段单击即可将插入点移到该段，然后单击▲按钮或▼按钮可增减数字。

（4）单击"确定"按钮关闭对话框。

图2-6 "日期和时间属性"对话框

第 3 章　Word 实训

实训 3.1　Word 基本操作

1. 实验目的

（1）熟悉 Word 的工作环境。

（2）掌握 Word 文档的建立、打开和保存的基本操作。

（3）掌握 Word 文档的输入方法。

（4）掌握 Word 文本内容的选定及编辑。

（5）掌握 Word 文本的查找、替换操作。

2. 实验任务

（1）创建一个新文档，输入以下文本内容，要求全部使用中文标点及半角英文，并以 word1.doc 为文件名保存在你的文件夹下面，关闭该文档。

> 　　早期的"OSCAR 金像"，授奖范围仅限于美国电影的范围。自第 21 届"OSCAR 奖"开始，增设了"OSCAR 最佳外国影片"这一项目，许多优秀的外国影片都曾获得过"OSCAR 金像"的奖誉。
>
> 　　"OSCAR 金像"每年颁发给 OSCAR 最佳影片、OSCAR 最佳导演、OSCAR 最佳男演员、OSCAR 最佳女演员、OSCAR 最佳摄影、OSCAR 最佳美术获奖者等。第二次世界大战期间，金属物资供应有限，自 1943 年开始连续四年，塑像改由石膏制成。战后，这些石膏塑像的拥有者都可换回"OSCAR 金像"。

（2）创建另一个新的文档，输入以下文本内容，要求全部使用中文标点及半角英文，并以 word2.doc 为文件名保存到你的文件夹下面，不关闭。

> 　　⌘"奥斯卡奖"【This award well known all of the world】，又名美国电影艺术与科学学院奖或奥斯卡金像奖。对电影界人士来说，谁获得"奥斯卡奖"，谁就获得电影艺术的最高荣誉。奥斯卡奖问世以来，一只是众多电影界人士梦寐以求得目标，成为美国电影艺术和技术水平的象征，是世界著名的电影奖。"奥斯卡奖"的奖品是"奥斯卡金像"。☺

（3）在 word2.doc 原有内容最前面一行插入标题"奥斯卡奖"，然后按原文件名保存。

（4）打开 word1.doc，将该文档的第一段与第二段交换顺序，并在该文档末尾将 word2.doc 文档内容复制，另存为 word3.doc，关闭文档。

（5）打开 word3.doc，查找文中的"微处理器"，将文中所有"OSCAR"用文字"奥斯卡"替换。给"奥斯卡"设置格式：楷体 GB 2312，字号为四号，颜色为红色。按原文件名保存，并关闭文档。

3. 实验步骤

1）操作步骤

（1）单击"开始"→"所有程序"→"Microsoft Word"，即可启动如图 3-1 所示名为"文档 1"的 Word 文档。

图 3-1

（2）选择一种熟悉的汉字输入法，在途中的光标闪烁处键入第一个方框中的内容。

（3）单击"文件"→"保存"或"另存为"，弹出图 3-2，在文件名框中输入"word1.doc"，然后单击"确定"按钮完成。

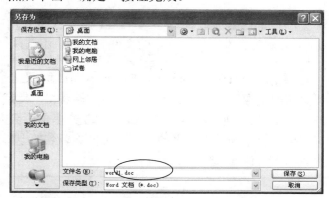

图 3-2

2）操作步骤

如 1）操作步骤，注意符号的输入方式。

（1）单击菜单栏"视图"→"工具栏"，选定"工具栏"中的"符号栏"，如图 3-3 在 Word 窗口的下方就出现如下符号工具栏，输入"【】"等符号时可以直接选取符号栏标点。

图 3-3

（2）输入"☺"等符号时，单击"插入"→"符号（S）…"，弹出对话框"符号"如图 3-4，在字体下拉列表框中找到"Wingdings"，单击符号，然后单击"插入"按钮完成。

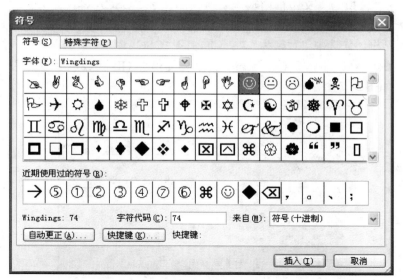

图 3-4

3）操作步骤

将光标置于文章的最前面，然后按"Enter"键，再将光标插入到第一行，如图 3-5 光标位置处输入"奥斯卡奖"。

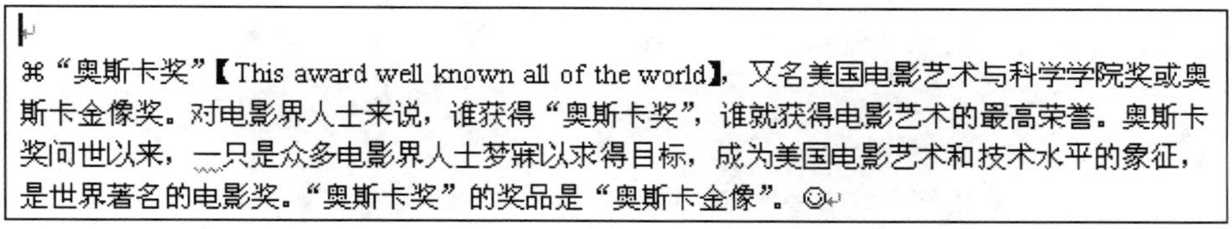

> ⌘ "奥斯卡奖"【This award well known all of the world】，又名美国电影艺术与科学学院奖或奥斯卡金像奖。对电影界人士来说，谁获得"奥斯卡奖"，谁就获得电影艺术的最高荣誉。奥斯卡奖问世以来，一只是众多电影界人士梦寐以求得目标，成为美国电影艺术和技术水平的象征，是世界著名的电影奖。"奥斯卡奖"的奖品是"奥斯卡金像"。☺

图 3-5

4）操作步骤

（1）选择 word1.doc 文档，选定第一段。

（2）单击"编辑"→"剪切"，将光标定位到第二段断尾，单击"编辑"→"粘贴"。

（3）打开 word2.doc 文档，选定全文，单击"编辑"→"复制"，选择 word1.doc 文档，将光标置于文档末尾，单击"编辑"→"粘贴"。

（4）另存为"word3.doc"。

5）操作步骤

（1）打开 word3.doc 文档，选择"编辑"菜单中的"替换"选项，弹出"查找与替换"对话框。

（2）输入查找和替换的内容。在"查找内容"文本框内输入要查找的文字"奥斯卡"，在"替换为"文本框内输入要替换的文字"OSCAR"。

（3）设置字体。如果看不到"格式"按钮，单击"高级"按钮，弹出如图 3-6 所示的对话框。先选中"替换为"文本框内的"OSCAR"文字，再单击"格式"→"字体"命令，在"字体"对话框内设置字体为楷体 GB 2312，字号为四号，颜色为红色，如图 3-7 所示。

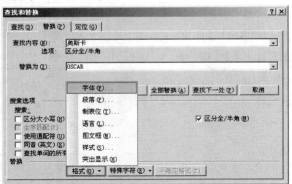

图 3-6　设置字体

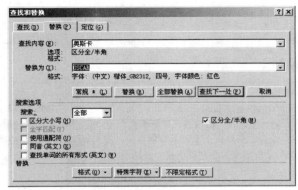

图 3-7　设置格式

（4）完成替换。

实训 3.2 Word 文档排版

1. 实验目的

（1）掌握字符及段落的格式设置操作。

（2）掌握项目符号和编号的使用。

（3）掌握 Word 文档分栏及页面排版操作。

（4）熟悉 Word 文档的预览及打印操作。

2. 实验任务

（1）打开已有文档 Word 格式与排版.doc，设置页面为纸张大小：A4；页边距为上、下：2.6 厘米，左、右：3.2 厘米；页眉：1.6 厘米，页脚：1.8 厘米。指定文档网格每行：40 字符，每页：44 行。

（2）样文 WordA.doc 部分作如下设置：

设置第一段字体为楷体；字号为四号；段前、段后各 3 磅；左右各缩进 1 厘米。

设置第二、三段字体为仿宋体；字号为四号。

最后一行设置字体为黑体；左对齐；倾斜，下划线，段前 12 磅。

正文每段设置首行缩进 1 厘米。

给正文第二段设置底纹：图案样式：15%；颜色：绿色；边框：阴影。

将正文第三段分两栏，栏间距：1.5 字符；加分隔线。

将第三段首字下沉，下沉 3 行。

（3）对样文 wordB.doc 添加项目符号，符号为"⬧"。

（4）为全文添加页眉，内容为"Word 操作实例"，在页脚居中处插入页码"-3-"。

3. 实验步骤

1）操作步骤

（1）单击"文件"→"页面设置"命令，打开如图 3-8 所示的"页面设置"文本框，单击"页边距"标签。

（2）在"页边距"选项卡的"上"、"下"、"左"、"右"文本框中分别选择或输入 2.6 厘米、2.6 厘米、3.2 厘米、3.2 厘米。

（3）单击"纸张"标签，在"纸张大小"下拉列表中选择"A4"选项，如图 3-9 所示。

（4）单击"版式"标签。在"页眉和页脚"处，设置页眉 1.6 厘米、页脚 1.8 厘米，如图 3-10 所示。

（5）单击"文档网格"标签。选中"指定行和字符网格"，设置每行 40 个字符、每页 44 行，最后单击"确定"按钮，设置完毕，如图 3-11 所示。

图 3-8 "页面设置"文本框

图 3-9 "纸张"选项卡

图 3-10 "版式"选项卡

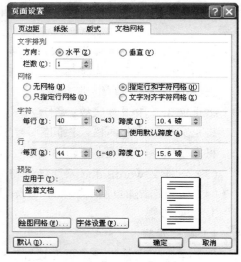

图 3-11 "文档网格"选项卡

2）操作步骤

（1）先选中第一段文字，单击"格式"→"字体"命令，在打开的"字体"对话框中选择中文字体下的楷体和字号下的四号，单击"确定"按钮（图 3-12）。然后单击"格式"→"段落"命令，在打开的"段落"对话框中分别对缩进和间距设置图 3-13 所示值。

（2）选择第二、三段，单击"格式"工具栏中的"字体"下拉列表框，选择仿宋体，单击"字号"下拉列表框，选择四。

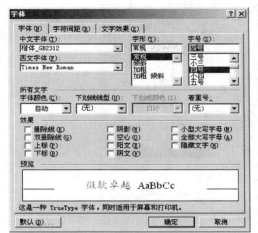
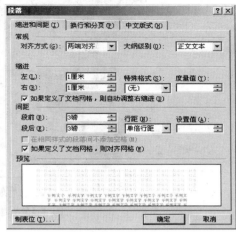

图 3-12　字体　　　　　　　　　　　　图 3-13　段落

（3）选择第二、三段，单击"格式"工具栏中的"字体"下拉列表框，选择黑体，再单击 *I* 按钮，然后单击"格式"→"段落"命令，对话框中选择"对齐方式"下拉列表中的"左对齐"，"段前"文本框中输入 12 磅。

（4）选择全文，单击"格式"→"段落"命令，在弹出的"段落"对话框中选择"特殊格式"下拉列表中的"首行缩进"选项，在"度量值"文本框中输入"1 厘米"。

（5）将光标置于第二段，再单击"格式"→"边框和底纹"命令，在打开的"边框和底纹"对话框中选择"设置"栏下的"阴影"选项，单击"底纹"标签，选择"填充"栏下的绿色即可，如图 3-14、图 3-15 所示。

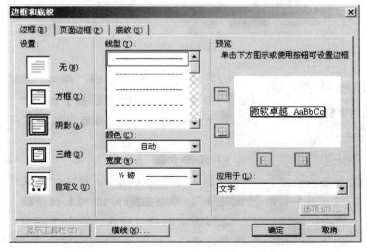

图 3-14　边框和底纹（一）

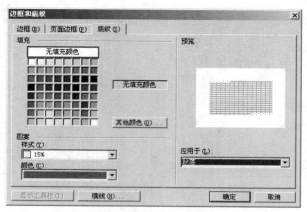

图 3-15 边框和底纹（二）

（6）选择第三段，单击"格式"→"分栏"命令，在打开的"分栏"对话框中选择栏数为 2，"间距"中输入 1.5 字符，勾选分隔线，单击"确定"按钮。如图 3-16 所示。

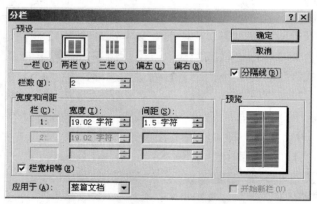

图 3-16 分栏

图 3-17 首字下沉

（7）将光标置于第三段，单击"格式"→"首字下沉"命令，在打开的对话框中选择"下沉"选项，再选择下沉行数，单击"确定"按钮即可。如图 3-17 所示。

3）操作步骤

选定文档的英文部分，单击"格式"→"项目符号和编号"，弹出如图 3-18 所示对话框。

选择所需的符号样式，单击"确定"按钮。如没有找到可单击"自定义"按钮，弹出如图 3-19 所示对话框。根据需要设置各值。

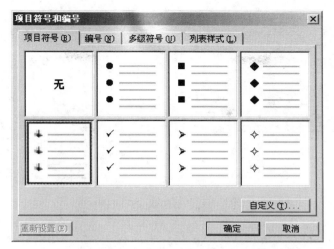

图 3-18　"项目符号及编号"对话框

4）操作步骤

（1）单击"视图"→"页眉和页脚"命令，进入页眉和页脚。

（2）输入页眉内容。在页眉区的左侧输入页眉内容"Word 操作实例"。

（3）设置页眉。选择页眉文字内容，在"格式"工具栏的"字体"下拉列表中选择"宋体"选项，字号设为小五，单击工具栏中的"右对齐"按钮，得到如图 3-20 所示的效果。

（4）单击"页眉和页脚"对话框中的"在页眉和页脚间切换"按钮，编辑状态便从页眉转换到了页脚区域。

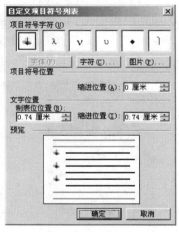

图 3-19　自定义项目符号列表

（5）单击"设置页码格式"按钮，弹出如图 3-21 所示的"页码格式"对话框，在"起始页码"文本框中输入数字"3"，单击"确定"按钮。

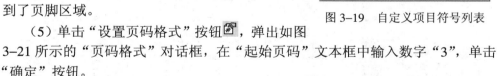

图 3-20　设置页眉页脚

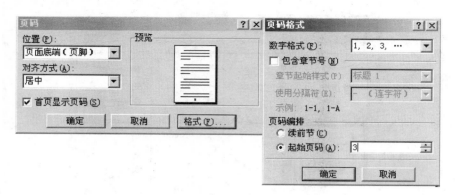

图 3-21 "页码格式"对话框

（6）将光标放在页脚居中位置，单击"插入页码"按钮 ，这样就插入了页码数字 3 了。

（7）或者单击"插入"→"页码"命令，弹出"页码"对话框，在"位置"下拉列表框中指定页码的位置，在"对齐方式"下拉列表框中指定页码的对齐方式；单击"格式"按钮，设置数字格式或页码范围；单击"确定"按钮，页码将加到文档的页脚中，其他页也会按顺序出现页码（图 3-22）。

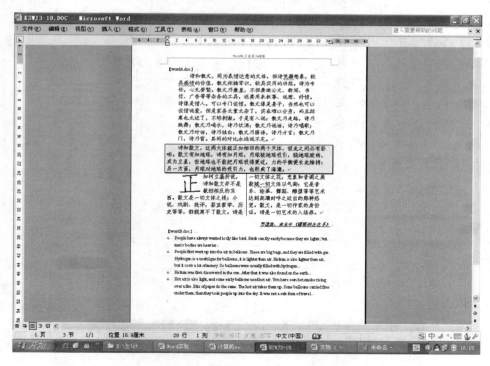

图 3-22 文本

实训 3.3 Word 表格制作

1. 实验目的

（1）掌握 Word 文档中表格的创建方法。

（2）掌握 Word 文档中表格内容的输入、编辑操作。

（3）掌握 Word 文档中表格的格式设置。

（4）掌握 Word 表格的数据排序操作。

（5）了解 Word 表格中数据的计算等基本操作。

2. 实验任务

任务一：制作一个如下所示的个人简历的表格。

个人简历表

姓名		性别		出生年月		贴相片处
曾用名		籍贯		民族		
文化程度		政治面貌		健康状况		
特长						
家庭住址						
联系电话			邮政编码			
主要经历						
何年何月至何年何月			在何校就读			证明人
奖惩情况						

任务二：

（1）求出下表中每位同学的总成绩，保留两位小数点。

（2）按照"语文"列进行降序排序。

姓　　名	语文	数学	英语	总成绩
彭　娟	78	87	67	
张　三	64	73	65	
李　四	79	89	72	

3. 实验步骤

任务一操作方法：

1）创建空表格

将光标移到需要插入表格的位置，单击常用工具栏上的"插入表格"按钮，按住鼠标左键并拖曳指针，拉出一个带阴影的表格；注意行数和列数为 7×14 时，释放鼠标，产生一个空白的表格。或在菜单栏中选择"表格"→"插入"→"表格"命令，会出现 "插入表格"对话框，在该对话框中输入列数=7 和行数=14，单击"确定"按钮即可在插入点插入表格。

2）合并单元格

选中第 7、13 行的单元格，单击"表格"|"合并单元格"菜单，然后输入文字即可。选中其他需要合并的单元格进行类似操作。

3）输入表格内容

如果表格是在页面的最前面，将插入点定位在第一行的第一个单元，按下回车键，表格前就会出现一个空行，输入"个人简历"，并在表格中输入其他文字信息。

4）设置文字格式

（1）选中"个人简历"，并将其设置为楷体、小二号字，加粗，并居中显示。

（2）插入点定位在表格中的任意位置，选择"表格"|"选择"命令，在下一级菜单中选择"表格"，设置所有文字居中。

5）设置对齐方式和行高、列高

（1）选中整个表格或需要设置的行或列，选择"表格"|"表格属性"命令，出现"表格属性"对话框；单击"单元格"标签，可以选择文字在单元格中的位置格式，这里选择垂直对齐方式为居中。并将表格内的所有字体、字号设定为"宋体"、"五号字"。

（2）将鼠标放到表格的横线或竖线上，鼠标变成一个两边有箭头的双线标记，按下左键拖曳鼠标，可以改变当前横框线或竖框线的位置。

6）边框和底纹的设置

在"表格属性"对话框的"表格"选项卡中，单击"边框和底纹"按钮，可以进行边框和底纹设置。设置外部框线为 1.5 磅，内部框线为 0.5 磅。

任务二：

1）计算总成绩操作方法

（1）光标定位。将光标定位于需要插入公式的单元格中。本例中是放在第二行的最后一列。

（2）选择菜单命令。单击"表格"→"公式"命令，弹出"公式"对话框，如图 3-23 所示。

（3）输入计算函数。在"公式"文本框中显示"＝SUM（LEFT）"，表明要计算左边各列数据的总和正符合我们的要求。如果是要计算平均值，则在"公式"文本框中输入计算函数"=AVERAGE（LEFT）"或者在"粘贴函数"下拉列表中选择函数。

（4）在"数字格式"下拉列表中选择"0.00"格式，表示保留两位小数，如图 3-24 所示。

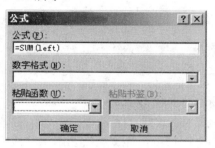

图 3-23 "公式"对话框

图 3-24 保留两位小数

（5）单击"确定"按钮，得如下结果。

姓名	语文	数学	英语	总成绩
彭 娟	78	87	67	232.00
张 三	64	73	65	202.00
李 四	79	89	72	240.00

2）排序操作方法

（1）光标定位。将光标定位于表格中的任意位置。

（2）选择命令。单击"表格"→"排序"命令，弹出"排序"对话框。

（3）在"排序依据"栏中选择"语文"选项，在其右边的"类型"下拉列表中选择"数字"选项，再选中"递减"单选按钮，如图 3-25 所示。

图 3-25 "排序"对话框

（4）在"列表"选项组中选中"有标题行"单选按钮。

（5）单击"确定"按钮，得到如下结果。

姓　名	语文	数学	英语	总成绩
李　四	79	89	72	240.00
彭　娟	78	87	67	232.00
张　三	64	73	65	202.00

实训 3.4　Word 文档高级排版

1. 实验目的

（1）掌握在文档中插入艺术字的方法。

（2）学会在文档中插入图形并对其进行编辑。

（3）学会各种公式的编辑操作。

（4）掌握 Word 的图文混排操作。

2. 实验任务

打开已有文档 Word 版面设置与编排.doc，作如下设置：

（1）设置标题"奥林匹克"为艺术字，艺术字式样：第 1 行第 2 列；字体：黑体；艺术字形状：右牛角形；阴影：阴影样式 13；按样文调整艺术字格式。

（2）插入一幅图片，将其高度、宽度缩放比例均调为原来的 75%，环绕方式为"四周型"。

（3）插入自选图形。画出一个标注，在标注内输入"更快、更高、更强"设置字体为华文彩云，红色倾斜；边线为红色，填充浅绿色。将标注调整为"紧密型"环绕，移至合适的位置。

（4）在文档末尾插入一个文本框，并在文本框中输入公式：

$$P(a \leqslant x \leqslant b) = \int_a^b f(x)\mathrm{d}x$$

3. 实验步骤

1）实验步骤

单击"插入"→"图片"→"艺术字"，在弹出的"艺术字库"对话框中选择第 1 行第 2 列（图 3-26），单击"确定"按钮。

在弹出的"编辑'艺术字'文字"对话框中，选择字体"黑体"，文字中输入"奥林匹克"，单击确定。如图 3-27 所示。

选定"艺术字"启动"艺术字"工具栏，如图 3-28 所示。在工具栏上分别设置艺术字的形状和版式。

在"绘图"工具栏上设置艺术字的三维效果。

2）实验步骤

单击"插入"→"图片"→"剪贴画"，在右侧任务窗口中单击"搜索"，在显示出的图片中任意选择一张图片。如图 3-29 所示。

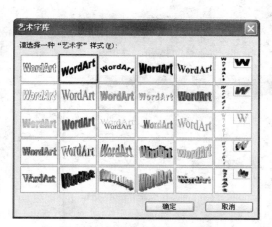

图 3-26 "艺术字库"对话框

图 3-28 "艺术字"工具栏

图 3-27 编辑"艺术字"文字对话框

图 3-29 剪贴画

选择刚插入的图片,在弹出的"图片"工具栏上,对图片进行缩放和环绕设置。如图 3-30 所示。

图 3-30 "图片"工具栏

3)实验步骤

单击"插入"→"文本框",将十字光标移到要插入文本框的位置,按下鼠标左键,将文本框拖动到你所需的大小,松开鼠标左键,就插入了一个文本框。

4)实验步骤

在绘图工具栏上找到自选图形,单击"标注"中的"云形标注",然后选中标注右击鼠标键,在弹出的快捷菜单中选择"设置自选图形格式"命令。

5)实验步骤

将光标插入文本框中,单击"插入"→"对象...",在弹出的对话框中选择"Microsoft 公式 3.0",如图 3-31 所示,单击"确定"按钮。

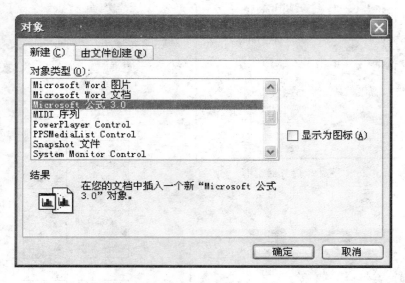

图 3-31 "对象"对话框

在弹出的"公式"工具栏中,选择各种符号进行公式编辑(图 3-32)。

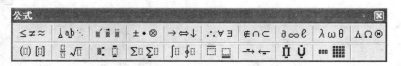

图 3-32 "公式"工具栏

实训 3.5 综 合 实 训

完成下面手抄报的排版,制作过程中注意整体版面协调、美观,必须对每页的版面进行规划。可以用表格、文本框等来进行布局,再使用 Word 中的各种排版技术,包括图文混排、分栏、艺术字、文本框等对手抄报进行编辑排版(图 3-33)。

图 3-33 手抄报

第 4 章　Excel 实训

实训 4.1　Excel 工作表的基本操作

1. 实验目的

（1）掌握建立、修改 Excel 电子表格的基本操作方法。

（2）掌握 Excel 电子表格的格式设置。

2. 实验任务

（1）建立数据清单。

（2）格式化单元格和工作表。

3. 实验步骤

（1）启动 Excel。单击开始菜单中的"Microsoft Excel"程序命令，或直接双击桌面上的 快捷图标，即启动 Excel。

（2）更改工作表名。将默认的工作表"sheet1"重命名为"学生信息"。可鼠标右击"sheet1"，选择"重命名"命令，或直接双击"sheet1"，输入"学生信息"即可。

（3）建立如表 4–1 所示的数据清单。选择"学生基本信息"工作表中的A1单元格，输入"学生基本信息表"，回车确定，依此类推，完成整张表的数据输入。

表 4–1　学生基本信息表（一）

学生基本信息表						
学号	姓名	性别	出生日期	专业	籍贯	入学成绩
20090101	李少明	男	1989-2-4	计算机应用	北京	546
20090102	麻晓丽	女	1988-3-8	计算机应用	上海	502
20090103	石远生	男	1989-5-7	计算机网络	南昌	344
20090104	黄武民	男	1990-8-9	计算机网络	石家庄	358
20090105	张小梅	女	1989-10-13	计算机应用	上海	407

（4）工作表的格式化。

① 将标题字体设置为"黑体"，字号 20，字形加粗，将 A1：G 1 合并居中，设置蓝色底纹，字体颜色为黄色。

② 将 2–7 行的行高设置为 18，适当调整列宽，将 A2：G2 设置为"黑体"，

加粗，14 号，将 A3：G7 单元格设置为楷体，字号 12。

③ 设置数据单元格类型。将学号列（A 列）设置为文本，出生日期列（D 列）设置为日期型，将所有单元格内容居中。

④ 对工作表设置边框线，如图 4–1 所示。

学生基本信息表						
学号	姓名	性别	出生日期	专业	籍贯	入学成绩
20090101	李少明	男	1989年02月04日	计算机应用	北京	546
20090102	麻晓丽	女	1988年03月18日	计算机应用	上海	502
20090103	石远生	男	1989年05月07日	计算机网络	南昌	344
20090104	黄武民	男	1990年08月09日	计算机网络	石家庄	358
20090105	张小梅	女	1989年10月13日	计算机应用	上海	407

图 4–1 学生信息表

（5）将 sheet2 重命名为“课程表”，在当中制作学生本学期课表，并使用一种自动套用格式，类型自选。如图 4–2 所示。

09计算机班上学期课表					
星期 节次	一	二	三	四	五
1-2节	数学	模电	体育	计算机	英语
3-4节	语文	英语	C语言	数学	模电
	午休				
5-6节	政治	计算机	语文	自习	C语言
晚	自习	自习	自习	自习	自习

图 4–2 课程表

（6）将 Excel 工作表保存退出。

实训 4.2 Excel 公式与函数的应用

1. 实验目的

（1）掌握 Excel 中常用函数的使用。

（2）掌握 Excel 中利用公式计算的使用方法。

2. 实验任务

利用公式与函数计算出“学生成绩”工作表与“仓库销售”工作表中的相关数据。

3. 实验步骤

（1）打开“学生成绩”工作表，利用常用函数“SUM”求出学号为“20090101”的总成绩，填入相应单元格，再利用“AVERAGE”平均值函数求出该学生的平均成绩。

（2）利用自动填充柄，计算出其余学生的总成绩与平均成绩。

（3）利用条件函数"IF"，计算出全班学生的成绩的等级，平均分在 90 分以上为"优秀"，平均分在 75 分以上为"良好"，平均分在 60 分以上为"及格"，平均分在 60 分以下为"不及格"。

（4）利用条件计数函数"COUNTIF"计算出平均分 80 分以上的学生人数，填入相应单元格内。完成后的"学生成绩"如图 4-3 所示。

	A	B	C	D	E	F	G	H	I
1					主要科目考试成绩				
2	学号	姓名	应用数学	实用英语	应用写作	电脑基础	总分	平均分	等级评定
3	20090101	李少明	86	86	90	87	349	87.25	良
4	20090102	麻晓丽	80	75	80	88	323	80.75	良
5	20090103	石远生	67	70	60	78	275	68.75	及格
6	20090104	黄武民	90	85	82	92	349	87.25	良
7	20090105	李刚	50	60	62	45	217	54.25	不及格
8	20090106	胡晓丽	70	80	75	68	293	73.25	及格
9	20090107	佘海波	40	55	60	65	220	55	不及格
10	20090108	王秀菊	85	90	96	95	366	91.5	优秀
11	20090109	张海燕	65	72	70	82	289	72.25	及格
12	20090110	韦长江	76	72	82	85	315	78.75	良
13	20090111	韩德力	60	75	68	72	275	68.75	及格
14	20090112	石财发	85	82	90	88	345	86.25	良
15	20090113	张昌胜	72	68	70	79	289	72.25	及格
16	20090114	王有德	60	55	60	40	215	53.75	不及格
17	20090115	朱盛利	85	80	79	90	334	83.5	良
18	20090116	赵忠诚	96	92	90	90	368	92	优秀
19	20090117	向上进	80	85	90	82	337	84.25	良
20	20090118	杨为昌	70	80	75	72	297	74.25	及格
21	20090119	李桂花	75	70	85	78	308	77	良
22	20090120	向丹	68	80	70	75	293	73.25	及格
23	20090121	胡月香	72	78	60	62	272	68	及格
24									
25	平均成绩在80分以上的人数为：			8					
26									

图 4-3　学生成绩表

（5）打开"仓库销售"工作表，利用公式与函数，完成工作表的中相关计算操作。结果如图 4-4 所示。

	A	B	C	D	E	F
1			某商场商品销售情况一览表			
2	商品编号	进价	售价	销售量	毛利润	净利润
3	0001	25.00	75.00	56	￥ 4 200.00	￥ 2 800.00
4	0002	35.00	80.00	57	￥ 4 560.00	￥ 2 565.00
5	0003	65.00	160.00	41	￥ 6 560.00	￥ 3 895.00
6	0004	257.00	763.00	23	￥ 17 549.00	￥ 11 638.00
7	0005	413.00	1000.00	10	￥ 10 000.00	￥ 5 870.00
8	0006	65.00	240.00	52	￥ 12 480.00	￥ 9 100.00
9	0007	84.00	368.00	75	￥ 27 600.00	￥ 21 300.00
10	0008	93.00	769.00	63	￥ 48 447.00	￥ 42 588.00
11	0009	41.00	183.00	12	￥ 2 196.00	￥ 1 704.00
12	0010	10.00	50.00	150	￥ 7 500.00	￥ 6 000.00
13	总计				￥ 141 092.00	￥ 107 460.00
14						

图 4-4　商品销售表

（6）将 Excel 工作表保存退出。

实训 4.3　Excel 图表的制作

1. 实验目的

（1）掌握建立 Excel 图表的方法。

（2）掌握 Excel 图表的编辑和格式化处理方法。

（3）能根据工作表数据，选择合适的图表类型，做出直观、形象的图表。

2. 实验任务

（1）按指定图表样式建立 Excel 图表。

（2）修改图表。

（3）根据数据内容自行建立图表。

3. 实验步骤

（1）打开"销售"工作表，根据图表向导 以及各商品的销售情况制作一个簇状柱形图。

选定数据区域，单击 图表向导按钮，选择"簇状柱形图"；在"图表数据源"步骤中修改数据区域与系列；在"图表选项"步骤中修改图表各选项；在"图表位置"步骤中，可选择将图表放置在新的工作表中或作为对象插入在现有工作表中。完成后的图表如图 4-5 所示。

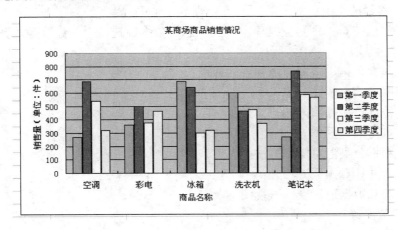

图 4-5　图表

（2）对 Excel 图表进行格式化处理，打开"图表"工具栏，如图 4-6 所示，选择图表对象，作适当的格式修改，使图表更美观。如图 4-7 所示。

（3）打开"收支明细表"，选择其中的数据、选择合适的图表类型，自行做一个图表，并对其进行格式化，要求能最直观地反映数据内容。（无例图）

图 4-6　图表工具栏

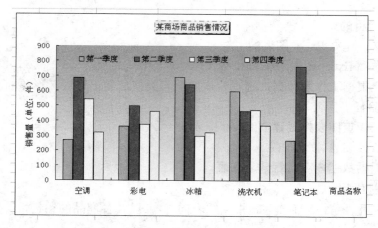

图 4-7　格式化后的图表

实训 4.4　Excel 数据管理

1. 实验目的

（1）掌握 Excel 中数据排序、分类汇总、数据筛选、合并计算等数据处理方法。

（2）掌握数据透视图与透视表的应用。

2. 实验任务

（1）数据排序操作方法。

（2）数据筛选操作方法。

（3）数据分类汇总操作方法。

（4）合并计算操作方法。

（5）建立数据透视表或透视图。

3. 实验步骤

（1）数据排序：打开"学生成绩"工作表，用公式计算出学生的总分，并对总分进行从高到低的排序，当总分相同时，按学号从低到高排列，然后利用自动填充功能给学生排名次，填入相应单元格，再重新对学生进行学号从低到高排序。

（2）数据筛选：打开"成绩筛选表 1"，利用"自动筛选"功能筛选出总分在 300 分以上，且每门功课都在 80 以上的同学；打开"成绩筛选表 2"，利用"高级筛选"功能，选出有不及格课程的同学。

（3）数据分类汇总：打开"工资分类"工作表，利用"数据"菜单下的"分类汇总"命令，按"科室"为分类字段，对"应发工资"、"实发工资"进行"求和"的分类汇总。提示：分类前应先对分类字段（科室）进行排序。结果如图 4-8 所示。

1 2 3		A	B	C	D	E	F	G	H	I	J	K	L
	1						单位5月份发放工资清单						
	2	工号	姓名	科室	基本工资	津帖	补助工资	加班工资	应发工资	应扣税	扣水电	扣房租	实发工资
+	9			办公室 汇总					10610				￥9 897.50
+	15			保卫处 汇总					8580				￥7 916.00
+	21			人事处 汇总					9620				￥8 788.00
+	27			生产处 汇总					10860				￥9 965.00
	28			总计					39670				￥36 566.50
	29												

图 4-8 分类汇总

（4）合并计算：分别打开"总公司"、"第一分公司"、"第二分公司"、"第三分公司"四个工作簿，将分公司的数据进行求和的合并计算，将结果记录在"总公司"工作簿，并"创建连至源数据的链接"，观察数据的更新变化。

（5）建立数据透视表：打开"授课"工作表，以"授课班数"为分页，以"课程名称"为行字段，以"系名"为列字段，以"上机工作量"和"课时"为求和项，在新工作表的 A1 单元格起，建立数据透视表（图 4-9）。完成后，尝试按相同的要求，建立数据透视图（图 4-10），观察两者的区别。

	A	B	C	D	E	F	G
1	授课班数	3					
2							
3			系名				
4	课程名称	数据	财经系	经济系	民政系	英语系	总计
5	线性代数	求和项:上机工作量	29	30	75	47	181
6		求和项:课时	26	44	66	42	178
7	哲学	求和项:上机工作量		39	68		107
8		求和项:课时		34	79		113
9	求和项:上机工作量汇总		29	69	143	47	288
10	求和项:课时汇总		26	78	145	42	291
11							

图 4-9 数据透视表

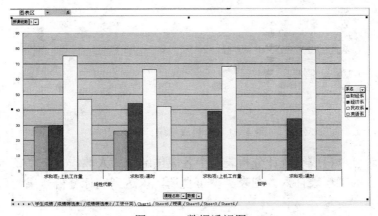

图 4-10 数据透视图

实训 4.5　综合实训

学生成绩表的制作与统计分析

1. 实验目的

熟练掌握 Excel 的综合使用，能很好地将这些功能应用到实际中去。

2. 实验内容

学校每次考试后，老师都要对全班同学的成绩进行登记汇总，统计班级的及格率、平均分、总分、名次等，本次实验就是要利用 Excel 工具将成绩进行汇总，并进行统计分析。

3. 实验步骤

（1）建立一个新的 Excel 工作簿，命名为"成绩统计分析"，并打开"各科成绩"工作簿，将各科成绩复制到"成绩统计分析"中的工作表中，命名为"成绩汇总"，设计表头，并对学生成绩进行总分、平均分、名次的统计；对"成绩汇总"工作表进行适当的格式修改，对部分同学的不及格成绩使用红色颜色标记（利用"条件格式"命令）。

（2）新建一张名为"单科成绩统计分析表"的工作表，使用公式和函数，对"成绩统计分析"中的数据制作一张成绩统计分析表。统计结果如图 4-11 所示。

	A	B	C	D	E
1		单科成绩统计分析			
2		计算机基础	数学	英语	体育
3	应考人数	32	32	32	32
4	参考人数	30	32	32	32
5	缺考人数	2	0	0	0
6	最高分	90	90	96	92
7	最低分	33	37	43	45
8	平均分	72.10	71.81	75.06	70.25
9	90分以上人数	1	2	5	2
10	80~90分人数	5	6	7	5
11	70~80分人数	15	12	8	7
12	60~70分人数	5	11	10	16
13	60分以下人数	4	1	2	2
14	及格率	87%	97%	94%	94%
15					
16					

图 4-11　单科成绩统计分析表

（3）对"单科成绩统计分析表"中各成绩区间的人数作一个"成绩分析图"，作为一个新的工作表插入。图表类型可自选，以达到统计分析效果为目标，如图 4-12 所示。

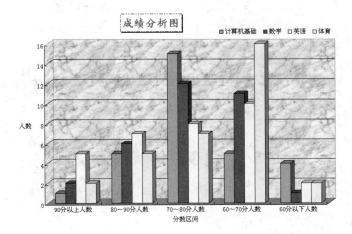

图 4-12 成绩分析图

第 5 章 PowerPoint 实训

实训 5.1　建立并修饰演示文稿

1. 实验目的

（1）学会用向导建立演示文稿的过程。

（2）学会自定义建立演示文稿的方法。

（3）学会演示文稿的修饰美化和格式化方法。

2. 实验任务

1）建立演示文稿

（1）启动 PowerPoint，打开"内容提示向导"对话框，选取"成功指南"演示文稿类型中的"推销您的想法"类型，建立一个演示文稿，将自己的推销想法输入到每一个幻灯片中，并以 idea.PPT 为文件名（保存类型为演示文稿）保存在自己的文件夹中。

（2）新建一个空的演示文稿作为封面，选择"应用设计模板"窗格中的 notebook.pot 设计模板，插入星和旗帜的横卷型，在幻灯片上面画出该图形并添加标题"项目介绍"，并在其下插入一剪贴画。

第一张幻灯片插入空白"项目清单"幻灯片，输入基本信息，例如，项目名称、主管人、完成时间、主管部门等。

第二张幻灯片插入空白"文本与图表"幻灯片，输入项目实施的方案。

2）设置演示文稿外观

（1）设置。

为所建立的技术报告演示文稿 idea.PPT 设置日期和时间、页脚和幻灯片编号；使演示文稿中所显示的日期和时间会随着日历的变化而改变；幻灯片编号从 10 开始，字号为 20 磅，并将其放在右上方。

（2）插入对象。

将演示文稿中的标题"项目介绍"改用艺术字形式。

（3）重新配色。

对建立的演示文稿的各个部分重新进行配色。分别选择"标准"配色方案和"自定义"配色方案。

实训 5.2　幻灯片的动画和超链接技术

1. 实验目的

（1）掌握幻灯片的动画技术。

（2）掌握幻灯片的超链接技术。

（3）学会放映演示文稿。

2. 实验任务

1）幻灯片的动画技术

（1）幻灯片内动画设计。

建立"项目介绍"演示文稿内幻灯片中的"项目名称"部分，在前一事件结束后采用左上角飞入的动画效果。其余幻灯片中的文本一条一条地从底部切入显示。

（2）设置幻灯片间切换效果。

使建立的演示文稿内各幻灯片间的切换效果分别采用水平百叶窗、溶解、盒状展开、随机等方式。设置切换速度为快速。换页方式可以通过单击鼠标或定时2 s。

2）演示文稿中的超链接

（1）创建超链接。

建一新演示文稿，第一张幻灯片内放置两个文本框，分别输入"中国中央电视台"和"搜狐"，并使这些文字成为超链接，分别链接到 http：//www.cctv.com 和 http：//www.sohu.com。

（2）设置动作按钮。

在演示文稿内的每一张幻灯片下方放置动作按钮，分别可跳转到上一张，再在第一张幻灯片下方放置另一动作按钮，可跳转到 idea.PPT。

（3）动作设置。

插入一新的幻灯片并输入文字"计算器"，进行动作设置，使鼠标单击该文字时可启动"计算器"程序。

3）放映演示文稿

分别设置前面建立的演示文稿放映方式为"演讲者放映"、"观众自行浏览"、"在展台放映"及"循环放映方式"。

实训 5.3　PPT 综合练习

（1）新建一个"空演示文稿"，选取新幻灯片的版式为"标题幻灯片"，幻灯片设计模板为"Balance"，为该标题幻灯片添加标题"碧华公司财务报告"，居中；

副标题为"2008 年度",居右,如图 5-1 所示。

图 5-1　碧华公司财务报告

（2）改变幻灯片配色方案,标题颜色设置为朱红色。

（3）第 2 张幻灯片采用"标题、剪贴画和文本"版式,标题为"2008 年公司经营情况",剪贴画处插入"3.BMP"图片,文本处输入"2008 年我公司主营素果类农产品,经营情况因季度变化而出现波动,从全年来看,公司盈利情况……；年度销售总量；季度营销变化表"。如图 5-2 所示。

图 5-2　2008 年公司经营情况

（4）在第 3 张幻灯片中插入表格。设置表格内文本内容居中、字号 28,内容如图 5-3 所示。

（5）在第 4 张幻灯片中插入图表。用二维柱形统计图统计西红柿、苹果、香蕉四季度的变化；西红柿用红色表示，苹果用绿色表示，香蕉用黄色表示；数据轴上表明单位"万斤"；如图 5-4 所示。

图 5-3　公司各类销售情况

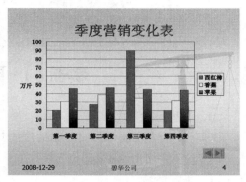

图 5-4　季度营销变化表

（6）所有的幻灯片（除标题幻灯片外）都添加编码、自动更新日期、页脚内容，页脚处输入内容"碧华公司"。

（7）第 2 张幻灯片的项目符号改为"✻"；将"年度销售总量"链接到第 3 张幻灯片、"季度营销变化表"链接到第 4 张幻灯片。

（8）第 3 张幻灯片中的表格动画设置为棋盘、中速、单击时，声音为鼓掌；在该幻灯片右下角插入"后退"和"前进"两个动作按钮，分别链接到上一张和下一张幻灯片。

（9）第 4 张幻灯片中的图表动画设置为上升、中速、单击时，无声音；在该幻灯片右下角插入"后退"和"结束"两个动作按钮，"后退"按钮链接到第 2 张幻灯片，"结束"按钮退出全屏幕放映。

（10）所有幻灯片之间切换动画设置为"随机垂直线条"、中速、无声音。

（11）设置幻灯片的放映方式为"在展台浏览（全屏幕）"，循环放映。

（12）将演示文稿以"公司报告"的文件名保存。

第6章 Internet 实训

实训 6.1 网 上 浏 览

1. 实验目的

（1）学会从 Internet 上获取信息的基本方法。

（2）学会用 IE 浏览器浏览网页。

2. 实验任务

网上浏览是从 Internet 上获取信息的一种最基本的方法。学会浏览器的使用就相当于学会了上网，下面以中文版 IE 为例介绍怎样浏览网页。

3. 实验步骤

（1）双击桌面上的"浏览器"图标，就可启动 IE 浏览器，在地址栏中输入想要浏览的网址，如：http：//www.sohu.com，按 Enter 键或单击"转到"按钮，显示结果如图 6–1 所示。

图 6–1　搜狐首页

（2）搜狐——中国最大的门户网站之一。移动鼠标，当光标指向页面中带有下划线的文字时，文字颜色会发生变化，同时光标变成小手形状，单击这个超链接将会显示下一个网页，如图 6–2 所示。

（3）这是百年奥运 10 年搜狐页面，通过图 6–2 页面中的超链接可一步步地浏览其他网页的内容，了解中国举办奥运的情况。

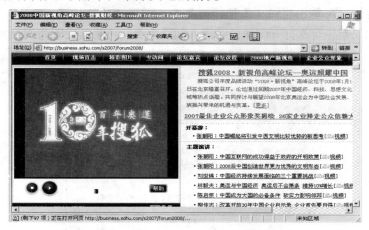

图 6-2 百年奥运 10 年搜狐

（4）单击超链接以后，回到刚才的网页的办法是单击浏览器窗口上面工具条里的"后退"按钮，而且可以多次单击"后退"按钮，一直回到最开始打开的网

图 6-3 浏览器工具条

页。与"后退"按钮对应，工具条上还有"前进"按钮，这个功能可以让我们"后退"后再按刚才的顺序依次显示网页，一直到打开过的最后一个网页，如图 6-3 所示。知道了

这些，我们就可以在网页的海洋中进退自如了。

（5）如果很喜欢当前浏览的网页，可以把这些地址收集到收藏夹中，以后可以方便地从收藏夹中选取网址进行访问而不必再次输入地址。单击"收藏"→"添加到收藏夹"菜单命令，弹出"添加到收藏夹"对话框，如图 6-4 所示。单击"确定"按钮完成收藏过程。

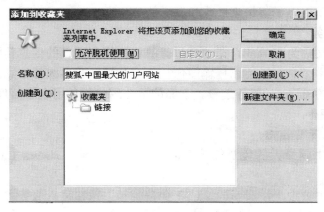

图 6-4 "添加到收藏夹"对话框

（6）当下载网页时，如果网络传输速度过慢或者页面的信息量很大，为避免等待时间过长，可单击"停止"按钮或按 Esc 键停止传送。

（7）如果希望每次打开浏览器时进入搜狐主页，可将其设置为浏览器的主页。单击"工具"→"Internet 选项"菜单命令，弹出"Internet 选项"对话框，如图 6-5 所示。在地址栏中输入"http：//www.sohu.com"，单击"确定"按钮完成设置。

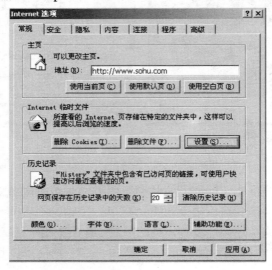

图 6-5　主页设置

实训 6.2　电 子 邮 件

1. 实验目的

（1）学会如何申请免费电子邮箱。

（2）学会使用电子邮箱来接收和发送信息。

2. 实验任务

电子邮件又称为 E-mail，是一种以计算机网络为载体的信息传输方式，它不仅能够传输文字信息，还可以传输图像、声音和视频等多媒体信息，这使得它成为了最常使用的 Internet 服务之一。下面简单介绍如何使用电子邮件。

3. 实验步骤

1）申请免费 E-mail

（1）进入中国最大的免费邮箱申请网站之一（http：//www.126.com），如图 6-6 所示。

（2）单击主页中"注册新的 25 M 免费邮箱"按钮进入服务条款页面，查看服务条款规定，当确认同意后进入下一页面，如图 6-7 所示。

图 6-6 126.com 的免费邮箱申请主页

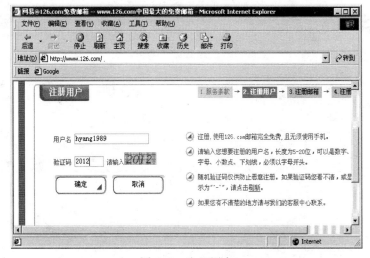

图 6-7 注册用户

（3）按页面提示输入用户名，长度为 5~20 位，可以是数字、字母、小数点、下划线，但必须以字母开头。在"验证码"文本框中输入当前页面给出的数字，单击"确定"按钮，进入下一页面，按页面提示输入必要的个人资料，如图 6-8 所示。

（4）单击"确定"按钮，如图 6-9 所示，注册成功。单击"登录邮箱"按钮后就能进入邮件服务网页收发电子邮件了。

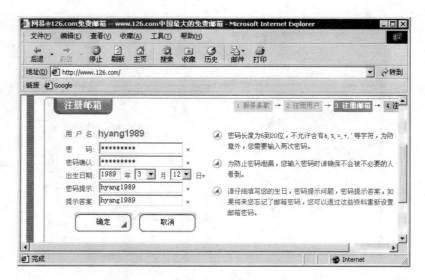

图 6-8　注册邮箱

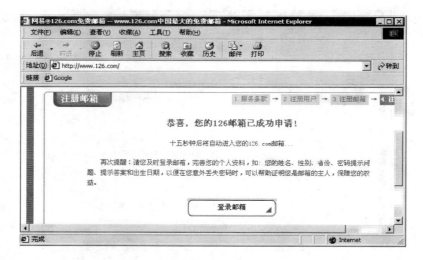

图 6-9　申请成功

2）用浏览器收发邮件

（1）启动 IE 浏览器，在地址栏中输入："http：//www.126.com"进入登录邮箱页面，如图 6-6 所示；在"用户名"文本框中输入已申请到的邮箱名，如 hyang1989，在"密码"文本框中输入密码，单击"登录"按钮后进入邮件服务网页，如图 6-10 所示。

（2）要发送电子邮件时，单击图 6-10 所示邮件服务网页上的"写信"按钮，进入下一页面，如图 6-11 所示。

图 6-10 邮件服务网页

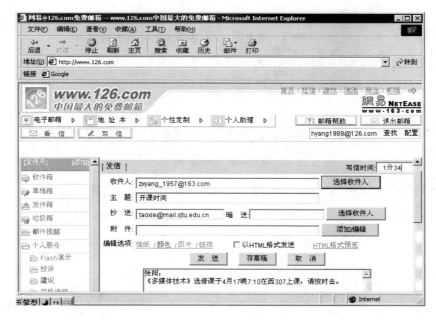

图 6-11 写信页面

（3）分别在"收件人"、"抄送"（如果需要）文本框中输入收件人的邮箱地址，在"主题"文本框中输入信件的主题，在"邮件正文"文本框中输入信件内容。检查无误后单击"发送"按钮，发送成功后如图 6-12 所示。

（4）要收取电子邮件时，单击所示邮件服务网页上面的"看信"按钮，进入下一页面，如图 6-13 所示。这时可见有一信件，发件人是"谢涛"，主题是"Re：开课时间"。

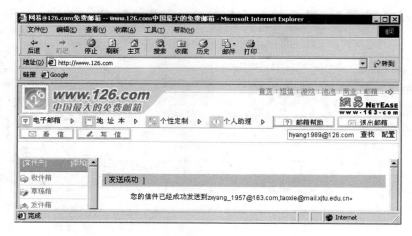

图 6-12　发送成功

图 6-13　看信页面

（5）单击主题中的"Re：开课时间"超链接即可阅读信件的内容。

第二部分

习 题 指 导

一、计算机基础知识

习题 1.1　选择题

1. 最早的计算机是用来进行_____的。

A. 科学计算　　　B. 系统仿真　　　C. 自动控制　　　D. 信息处理

2. 现代计算机中采用二进制数字系统是因为它_____。

A. 代码表示简短易读

B. 只有 0 和 1 两个数字符号，容易书写

C. 容易阅读，不易出错

D. 物理上容易表示和实现、运算规则简单、可节省设备且便于设计

3. 组成计算机硬件系统的基本部分是_____。

A. CPU、键盘和显示器　　　　　　B. 主机和输入/输出设备

C. CPU 和输入/输出设备　　　　　D. CPU、硬盘、键盘和显示器

4. 现代微型计算机中所采用的电子器件是_____。

A. 电子管　　　　　　　　　　　　B. 大规模和超大规模集成电路

C. 小规模集成电路　　　　　　　　D. 晶体管

5. 汉字国家标准码（GB 2312—1980）把汉字分成_____。

A. 简化字和繁体字两个等级

B. 一级汉字、二级汉字和三级汉字 3 个等级

C. 一级常用汉字、二级次常用汉字两个等级

D. 常用字、次常用字、罕见字 3 个等级

6. 微机的主机指的是_____。

A. CPU、内存和硬盘　　　　　　　B. CPU、内存、显示器和键盘

C. CPU 和内存储器　　　　　　　　D. CPU、内存、硬盘、显示器和键盘

7. 内存储器的基本存储单位是_____。

A. 比特（bit）　　　B. 字节（byte）　　　C. 字（word）　　　D. 字符（character）

8. 内存储器中的每个存储单元都被赋予一个唯一的序号，称为_____。

A. 单元号　　　　　B. 下标　　　　　　C. 编号　　　　　　D. 地址

9. 软盘磁道的编号是按从小到大的顺序_____进行的。

A. 从两边向中间　B. 视软盘而定　　C. 从外向内　　　D. 从内向外

10. 显示器的_____越高，显示的图像越清晰。

A. 对比度　　　　B. 亮度　　　　　C. 对比度和亮度D. 分辨率

11. 下列数中最小的一个是_____。

A. 100B　　　　　B. 8　　　　　　C. 12H　　　　　D. 11Q

12. 最大的 15 位二进制数换算成十进制数是_____。

A. 65535　　　　B. 255　　　　　C. 32767　　　　D. 1024

13. 最大的 15 位二进制数换算成十六进制数是_____。

A. FFFFH　　　　B. 3FFFH　　　　C. 7FFFH　　　　D. 0FFFH

14. 已知小写字母的 ASCII 码值比大写字母大 32，而大写字母 A 的 ASCII 码为十进制数 65，则小写字母 d 的 ASCII 码是二进制数_____。

A. 1100100　　　B. 1000100　　　C. 1000111　　　D. 1110111

15. 计算机软件分系统软件和应用软件两大类，系统软件的核心是_____。

A. 数据库管理系统　　　　　　　B. 财务管理系统

C. 程序语言系统　　　　　　　　D. 操作系统

16. 计算机操作系统的主要功能是_____。

A. 对源程序进行翻译

B. 对用户数据文件进行管理

C. 对汇编语言程序进行翻译

D. 对计算机的所有资源进行控制和管理，为用户使用计算机提供方便

17. 下面有关计算机操作系统的叙述中，_____是不正确的。

A. 操作系统属于系统软件

B. 操作系统只负责管理内存储器，而不管理外存储器

C. UNIX、Windows XP 属于操作系统

D. 计算机的内存、I/O 设备等硬件资源也由操作系统管理

18. 计算机能直接执行的程序设计语言是_____。

A. C　　　　　　B. BASIC　　　　C. 汇编语言　　　D. 机器语言

19. 为把 C 语言源程序转换为计算机能够执行的程序，需要_____。

A. 编译程序　　　B. 汇编程序　　　C. 解释程序　　　D. 编辑程序

20. 用来控制、指挥和协调计算机各部件工作的是_____。

A. 运算器　　　　B. 鼠标器　　　　C. 控制器　　　　D. 存储器

21. 完整的计算机系统是由_____组成的。

A. 主机和外设系统　　　　　　　B. 硬件和软件系统

C. 冯·诺依曼和非冯·诺依曼系统　D. Windows 系统和 UNIX 系统

22. 一个字符的标准 ASCII 码码长是_____。

A. 8 bits   B. 16 bits   C. 7 bits   D. 6 bits

23. 在所列的软件中，（1）WPS Office 2003；（2）Windows XP；（3）财务管理软件；（4）UNIX；（5）学籍管理系统；（6）MS-DOS；（7）Linux；属于应用软件的有_____。

A. （1）、（3）、（5）   B. （1）、（2）、（3）

C. （1）、（3）、（5）、（7）   D. （2）、（4）、（6）、（7）

24. 3.5 英寸 1.44 MB 软盘片格式化后磁道个数是_____。

A. 39   B. 40   C. 79   D. 80

25. 按照数的进位制概念，下列各个数中正确的八进制数是_____。

A. 1101   B. 7081   C. 1109   D. B03A

26. 下列叙述中，正确的是_____。

A. 计算机病毒只在可执行文件中传染

B. 只要删除所有感染了病毒的文件就可以彻底消除病毒

C. 计算机病毒主要通过读/写移动存储器或 Internet 进行传播

D. 计算机杀病毒软件可以查出和清除任意已知的和未知的计算机病毒

27. 计算机感染病毒的可能途径之一是_____。

A. 从键盘上输入数据

B. 随意运行外来的、未经杀病毒软件严格审查的软盘上的软件

C. 所使用的软盘表面不清洁

D. 电源不稳定

28. 下列各项中，正确的电子邮箱地址是_____。

A. L202@sina.com   B. TT202#yahoo.com

C. A112.256.23.8   D. K201yahoo.com.cn

29. 在 ASCII 码表中，根据码值由小到大的顺序排列的是_____。

A. 空格字符、数字符、大写英文字母、小写英文字母

B. 数字符、空格字符、大写英文字母、小写英文字母

C. 空格字符、数字符、小写英文字母、大写英文字母

D. 数字符、大写英文字母、小写英文字母、空格字符

30. 字长为 7 位的无符号二进制整数能表示的十进制整数的数值范围是_____。

A. 0～128   B. 0～255   C. 0～127   D. 1～127

31. 在计算机指令中，规定其执行操作功能的部分称为_____。

A. 地址码   B. 源操作数   C. 操作数   D. 操作码

32. 微机的硬件系统中，最核心的部件是_____。

A. 内存储器   B. 输入/输出设备 C. CPU   D. 硬盘

33. 下列叙述中，错误的是_____。

A. 硬盘在主机箱内，是主机的组成部分

B. 硬盘是外部存储器之一

C. 硬盘的技术指标之一是每分钟的转速 rpm

D. 硬盘与 CPU 之间不能直接交换数据

34. 汉字国家标准码（GB 2312—1980）把汉字分成两个等级。其中一级常用汉字的排列顺序是按_____。

A. 汉语拼音字母顺序　　　　　　　B. 偏旁部首

C. 笔画多少　　　　　　　　　　　D. 以上都不对

35. 若要将计算机与局域网连接，则需要增加硬件_____。

A. 集线器　　　B. 网关　　　C. 网卡　　　D. 路由器

36. 汉字输入码可分为有重码和无重码两类，下列属于无重码类的是_____。

A. 全拼码　　　B. 自然码　　　C. 区位码　　　D. 简拼码

37. 在微机的硬件设备中，有一种设备在程序设计中既可以当做输出设备，又可以当做输入设备，这种设备是_____。

A. 绘图仪　　　B. 扫描仪　　　C. 手写笔　　　D. 磁盘驱动器

38. CPU 的中文名称是_____。

A. 控制器　　　　　　　　　　　B. 不间断电源

C. 算术逻辑部件　　　　　　　　D. 中央处理器

39. 计算机软件系统包括_____。

A. 程序、数据和相应的文档　　　B. 系统软件和应用软件

C. 数据库管理系统和数据库　　　D. 编译系统和办公软件

40. 英文缩写 CAM 的中文意思是_____。

A. 计算机辅助设计　　　　　　　B. 计算机辅助制造

C. 计算机辅助教学　　　　　　　D. 计算机辅助管理

41. 根据国家标准 GB 2312—1980 的规定，总计有各类符号和一、二级汉字编码_____。

A. 7 145 个　　　B. 7 445 个　　　C. 3 008 个　　　D. 3 755 个

42. 在外部设备中，扫描仪属于_____。

A. 输出设备　　　B. 一般设备　　　C. 输入设备　　　D. 特殊设备

43. 运算器的主要功能是进行_____。

A. 算术运算　　　B. 逻辑运算　　　C. 加法运算　　　D. 算术和逻辑运算

44. 假设某台式计算机的内存储器容量为 256 MB，硬盘容量为 20 GB。硬盘的容量是内存容量的_____。

A. 40 倍　　　B. 60 倍　　　C. 80 倍　　　D. 100 倍

45. 已知一汉字的国家标准码是 5E38，其内码应是_____。

A. DEB8　　　B. DE38　　　C. 5EB8　　　D. 7E58

46. 在微机的配置中常看到 P42.4 G 字样，其中数字 2.4 G 表示_____。

A. 处理器的时钟频率是 2.4 GHz

B. 处理器的运算速度是 2.4 GIPS

C. 处理器是 Pentium 4 第 2.4 代

D. 处理器与内存间的数据交换速率是 2.4 Gbps

47. 存储计算机当前正在执行的应用程序和相应的数据的存储器是_____。

A. 硬盘　　　　　B. ROM　　　　　C. RAM　　　　　D. CD-ROM

48. 下列各存储器中，存取速度最快的是_____。

A. CD-ROM　　　B. 内存储器　　　C. 软盘　　　　　D. 硬盘

49. 下面关于随机存取存储器（RAM）的叙述中，正确的是_____。

A. RAM 分静态 RAM（SRAM）和动态 RAM（DRAM）两大类

B. SRAM 的集成度比 DRAM 高

C. DRAM 的存取速度比 SRAM 快

D. DRAM 中存储的数据无须"刷新"

50. 在计算机中，对汉字进行传输、处理和存储时使用汉字的_____。

A. 字形码　　　　B. 国家标准码　　C. 输入码　　　　D. 机内码

51. 设一个十进制整数为 $D>1$，转换成十六进制数为 H。根据数制的概念，下列叙述中正确的是_____。

A. 数字 H 的位数≥数字 D 的位数　　B. 数字 H 的位数≤数字 D 的位数

C. 数字 H 的位数＜数字 D 的位数　　D. 数字 H 的位数＞数字 D 的位数

52. 下列关于 CPU 的叙述中，正确的是_____。

A. CPU 能直接读取硬盘上的数据

B. CPU 能直接与内存储器交换数据

C. CPU 主要组成部分是存储器和控制器

D. CPU 主要用来执行算术运算

53. 3.5 in 软盘片片角上有一带黑色滑块的小方口，当小方口被关闭（不透光）时，盘片所处的状态是_____。

A. 只读（写保护）　　　　　　B. 可读可写

C. 禁止读和写　　　　　　　　D. 只写禁读

54. 如果在一个非零无符号二进制整数之后添加两个 0，则此数的值为原数的_____。

A. 4 倍　　　　　B. 2 倍　　　　　C. 1/2 倍　　　　D. 1/4 倍

55. 下列度量单位中，用来度量计算机运算速度的是_____。

A. Mbps　　　　　B. MIPS　　　　　C. GHz　　　　　D. MB

56. 对计算机病毒的防治也应以"预防为主"。下列各项措施中，错误的预防措施是_____。

A. 将重要数据文件及时备份到移动存储设备上

B. 用杀病毒软件定期检查计算机

C. 不要随便打开/阅读身份不明的发件人发来的电子邮件

D. 在硬盘中再备份一份

57. 已知"装"字的拼音输入码是 zhuang，而"大"字的拼音输入码是 da，它们的国家标准码长度的字节数分别是_____。

　　A. 6，2　　　　　　B. 3，1　　　　　　C. 2，2　　　　　　D. 4，2

58. 下列的英文缩写和中文名字的对照中，错误的是_____。

　　A. CPU——控制程序部件　　　　B. ALU——算术逻辑部件

　　C. CU——控制部件　　　　　　　D. OS——操作系统

59. 计算机的系统总线是计算机各部件间传递信息的公共通道，它分_____。

　　A. 数据总线和控制总线　　　　　B. 地址总线和数据总线

　　C. 数据总线、控制总线和地址总线　D. 地址总线和控制总线

60. 计算机的硬件系统主要包括：中央处理器（CPU）、存储器、输出设备和_____。

　　A. 键盘　　　　　B. 鼠标　　　　　C. 输入设备　　　　D. 扫描仪

61. 把存储在硬盘上的程序传送到指定的内存区域中，这种操作称为_____。

　　A. 输出　　　　　B. 写盘　　　　　C. 输入　　　　　D. 读盘

62. 汉字区位码分别用十进制的区号和位号表示。其区号和位号的范围分别是_____。

　　A. 0～94，0～94　　　　　　B. 1～95，1～95

　　C. 1～94，1～94　　　　　　D. 0～95，0～95

63. 在现代的 CPU 芯片中又集成了高速缓冲存储器（Cache），其作用是_____。

　　A. 扩大内存储器的容量

　　B. 解决 CPU 与 RAM 之间的速度不匹配问题

　　C. 解决 CPU 与打印机的速度不匹配问题

　　D. 保存当前的状态信息

64. 计算机历史上 4 个发展阶段划分的依据是_____。

　　A. 计算机的系统软件　　　　　　B. 计算机的处理速度

　　C. 计算机的主要元器件　　　　　D. 计算机的应用领域

65. 第一台电子计算机是 1946 年在美国研制的，该机的英文缩写名是_____。

　　A. ENIAC　　　　B. EDVAC　　　　C. DESAC　　　　D. MARK-Ⅱ

66. CAI 是计算机主要应用领域之一，它的含义是_____。

　　A. 计算机辅助教学　　　　　　　B. 计算机辅助测试

　　C. 计算机辅助设计　　　　　　　D. 计算机辅助管理

67. 英文缩写 CAD 的中文意思是_____。

A. 计算机辅助教学　　　　　　　　B. 计算机辅助制造

C. 计算机辅助设计　　　　　　　　D. 计算机辅助测试

68. 计算机应用的领域主要有：科学计算、过程控制、辅助设计以及_____。

A. 文字处理　　　B. 图形处理　　　C. 工厂自动化　　D. 数据处理

69. 计算机能够自动工作，主要是因为采用了_____。

A. 二进制数制　　　　　　　　　　B. 高速电子元件

C. 存储程序控制　　　　　　　　　D. 程序设计语言

70. 微型计算机硬件中常说的 PentiumⅡ、PentiumⅢ和 Pentium4 是指_____。

A. 微型计算机的存储器类型　　　　B. 微型计算机的主板类型

C. 微型计算机主板的控制芯片类型　D. 微型计算机的微处理器类型

71. 计算机硬件的五大基本构件包括：运算器、存储器、输入设备、输出设备和_____。

A. 显示器　　　B. 控制器　　　C. 磁盘驱动器　　D. 鼠标器

72. 微型计算机必不可少的输入/输出设备是_____。

A. 键盘和显示器　　　　　　　　　B. 键盘和鼠标器

C. 显示器和打印机　　　　　　　　D. 鼠标器和打印机

73. 下列设备中，既可作输入设备又可作输出设备的是_____。

A. 图形扫描仪　　B. 磁盘驱动器　　C. 绘图仪　　　D.显示器

74. 在计算机领域中，所谓"裸机"是指_____。

A. 单片机　　　　　　　　　　　　B. 单板机

C. 不安装任何软件的计算机　　　　D. 只安装操作系统的计算机

75. 微机硬件系统中最核心的部件是_____。

A. 内存储器　　　B. 输入/输出设备　C. CPU　　　　　D. 硬盘

76. 计算机中的内存储器分为_____。

A. 随机存储器和只读存储器　　　　B. 光盘和磁盘

C. 读/写存储器和磁盘　　　　　　D. 随机存储器和读/写存储器

77. 内存储器可与 CPU_____交换信息。

A. 不　　　　　　B. 直接　　　　C. 部分　　　　D. 间接

78. 计算机中 ROM 的特点是_____。

A. 可读不可写，关机后数据易消失

B. 可读可写，关机后数据不消失

C. 可读不可写，关机后数据不消失

D. 可读可写，关机后数据易消失

79. 只读存储器 ROM 和随机存储器 RAM 的主要区别在于_____。

A. ROM 可以永久保存信息，RAM 在断电后信息丢失

B. ROM 在断电后信息丢失，RAM 可以永久保存信息

C. ROM 是内存储器，RAM 是外存储器

D. RAM 是内存储器，ROM 是外存储器

80. 微型计算机中，ROM 的中文名字是_____。

A. 随机存储器 　　　　　　　　　B. 只读存储器

C. 高速缓冲存储器 　　　　　　　D. 可编程只读存储器

81. 微型计算机存储器系统中的 Cache 是_____。

A. 只读存储器 　　　　　　　　　B. 高速缓冲存储器

C. 可编程只读存储器 　　　　　　D. 可擦除可再编程只读存储器

82. _____不是存储器。

A. 光盘　　　　　B. 硬盘　　　　　C. 软盘　　　　　D. 键盘

83. 计算机内部，一切信息存取、处理和传递的形式是_____。

A. ASCII 码　　　B. BCD 码　　　C. 二进制码　　　D. 十六进制码

84. 计算机存储器的基本单位是_____。

A. 字节　　　　　B. 整数　　　　　C. 字长　　　　　D. 符号

85. 英文大写字母 B 的 ASCII 码为 42H，英文小写字母 b 的 ASCII 码为_____。

A. 43H　　　　　B. 84H　　　　　C. 74H　　　　　D. 62H

86. 英文小写字母 d 的 ASCII 码为 100，英文大写字母 D 的 ASCII 码为_____。

A. 50　　　　　　B. 66　　　　　　C. 52　　　　　　D. 68

87. 大写字母 A 的 ASCII 码为十进制数 65，ASCII 码为十进制数 68 的字母是_____。

A. B　　　　　　B. C　　　　　　C. D　　　　　　D. E

88. 用 8 位无符号二进制数能表示的最大十进制数为_____。

A. 127　　　　　B. 128　　　　　C. 255　　　　　D. 256

89. 在微机中，1 MB 准确等于_____。

A. 1 024×1 024 个字 　　　　　　B. 1 024×1 024 个字节

C. 1 000×1 000 个字节 　　　　　D. 1 000×1 000 个字

90. 下列描述中，正确的是_____。

A. 1 MB=1 024 B 　　　　　　　　B. 1 MB=1 000 KB

C. 1 GB=1 024 B 　　　　　　　　D. 1 GB=1 024 MB

91. 目前常用的汉字操作系统所使用的汉字机内码，每个汉字占用_____个字节。

A. 2　　　　　　B. 3　　　　　　C. 1　　　　　　D. 4

92. 存储一个 32×32 点阵汉字字型信息的字节数是_____。

A. 64 B　　　　　B. 128 B　　　　　C. 256 B　　　　　D. 512 B

93. 在计算机系统中，存储一个汉字的国家标准码所需要的字节数为_____。

A. 1　　　　　　　B. 2　　　　　　　C. 3　　　　　　　D. 4

94. 微型计算机键盘上的 Shift 键称为_____。

A. 回车换行键　　B. 退格键　　　　C. 换挡键　　　　D. 空格键

95. 微型计算机键盘上的 Tab 键是_____。

A. 退格键　　　　B. 控制键　　　　C. 交替换挡键　　D. 制表定位键

96. _____是数字锁定键，主要用于数字小键盘软数字。

A. CapsLook　　　B. NumLock　　　C. Shift　　　　　D. Backspace

97. CapsLock 键的功能是_____。

A. 暂停　　　　　B. 大写锁定　　　C. 复制数据　　　D. 测试容量

98. Esc 键的功能是_____。

A. 形成空格　　　　　　　　　　　B. 使光标回退一格

C. 强行退出键　　　　　　　　　　D. 交替换挡键

99. 五笔字型输入法属于_____。

A. 音码输入法　　B. 形码输入法　　C. 音形结合输入法　　D. 联想输入法

100. 为解决某一特定问题而设计的指令序列称为_____。

A. 文档　　　　　B. 语言　　　　　C. 程序　　　　　D. 系统

101. 在计算机领域中通常用 MIPS 来描述_____。

A. 计算机的运算速度　　　　　　　B. 计算机的可靠性

C. 计算机的可运行性　　　　　　　D. 计算机的可扩充性

102. 下列存储器中，存取速度最快的是_____。

A. CD-ROM　　　B. 内存储器　　　C. 软盘　　　　　D. 硬盘

习题 1.2　填空题

1. ROM、DBMS、GPL 的中文意义分别是_____、_____和_____。

2. 1 M 字节＝_____K 字节＝_____字节。

3. 15＝_____B＝_____H。

4. 标准 ASCII 采用_____位二进制编码。汉字机内码是将 GB 2312—1980 中规定的汉字国家标准码的每个字节的最高位置_____得到的，例如，汉字"大"字，国家标准码为 3473H，则机内码为_____。真彩色是指用_____位二进制编码来表示一个像素。

5. GB 18030 是_____的扩展，采用_____混合编码。

6. CD-ROM 盘通过_____记录信息，与普通 VCD 唱盘的方式_____。

7. 地址总线的位数决定了计算机的_____能力，数据总线的宽度决定了计算机_____。

8. 功能最强的计算机是_____计算机。规模最小的计算机是_____计算机。存储器、CPU 和输入/输出接口集成在一起，称为_____计算机。

9. 一个硬盘中共有 16 个盘面，每个盘面上有 2 100 个磁道，每个磁道分为 63

个扇区，每个扇区的存储容量为 512 字节，则该盘有_____个磁头，_____个柱面，它的存储容量是_____MB，即_____GB。

10. 磁盘读/写动作过程分为_____、_____和_____3 个阶段。

11. 一个扇区的位置（称为地址）是由它所在的_____编号、_____编号和扇区在_____中的位置编号三者共同确定的。

12. 计算机的运算速度用每秒钟所能执行的_____数表示，单位是_____。

13. _____插槽比较粗大，目前主要用于连接低速外设，_____插槽接线细密，适用于高速设备连接。

14. 软件从_____之日起便享有版权，从_____之日起便实际受到保护。软件不受版权_____保护。

15. 软件版权人依法享有_____权和_____权。

习题 1.3　判断题

1. 机箱内的设备是主机，机箱外的设备是外设。　　　　　　　（　　）

2. MIPS 表示的是主机的类型。　　　　　　　　　　　　　　（　　）

3. 计算机内存的基本存储单位是比特。　　　　　　　　　　　（　　）

4. 计算机程序必须装载到内存中才能执行。　　　　　　　　　（　　）

5. 自由软件允许用户进行修改，而共享软件却不一定。　　　　（　　）

6. 数据总线的宽度决定了内存一次能够读出的相邻地址单元数。（　　）

7. 每个汉字的字模码都用两个字节存储。　　　　　　　　　　（　　）

8. 不同 CPU 的计算机有不同的机器语言和汇编语言。　　　　（　　）

9. 微型计算机就是个人计算机。　　　　　　　　　　　　　　（　　）

10. 外存上的信息可直接进入 CPU 被处理。　　　　　　　　　（　　）

11. 操作系统只负责管理内存储器，而不管外存储器。　　　　（　　）

12. C 语言是一种面向对象的程序设计语言。　　　　　　　　（　　）

13. 一个磁盘上各个扇区的长度可以不等，但存储的信息量相同。（　　）

14. 计算机键盘上字母键的排列方式是保证录入速度的最佳方式。（　　）

15. 显示器的分辨率不但取决于显示器，也取决于配套的显示器适配器。

　　　　　　　　　　　　　　　　　　　　　　　　　　　（　　）

16. 开机时先开显示器后开主机电源，关机时先关主机后关显示器电源。

　　　　　　　　　　　　　　　　　　　　　　　　　　　（　　）

习题 1.1　选择题参考答案

1. A　　2. D　　3. B　　4. B　　5. C　　6. C　　7. B　　8. D　　9. C　　10. D

11. A　　12. C　　13. C　　14. A　　15. D　　16. D　　17. B　　18. D　　19. A　　20. C

21. B　　22. C　　23. A　　24. D　　25. A　　26. C　　27. B　　28. A　　29. A　　30. C

31. D　　32. C　　33. A　　34. C　　35. C　　36. C　　37. D　　38. D　　39. B　　40. B

41. B　42. C　43. D　44. C　45. A　46. A　47. C　48. B　49. A　50. D
51. B　52. B　53. B　54. A　55. B　56. D　57. C　58. A　59. C　60. C
61. D　62. C　63. B　64. C　65. A　66. A　67. B　68. C　69. B　70. D
71. B　72. A　73. B　74. C　75. C　76. A　77. B　78. C　79. A　80. B
81. B　82. D　83. C　84. A　85. D　86. D　87. C　88. C　89. B　90. D
91. A　92. B　93. B　94. C　95. D　96. B　97. B　98. C　99. B　100. C
101. A　102. B

习题 1.2　填空题参考答案

1. 只读存储器　　　　　数据库管理系统　　　　通用公共许可证
2. 1 024　　　　　　　1 024×1 024
3. 1 111　　　　　　　F
4. 7　　　1　　　　　　B4F3H　　　　　　　　24
5. GB 2312—1980　　 1/2/4 位
6. 压制的凹坑　　　　　相同
7. 内存容量　　　　　　一次所能传输的二进制位数
8. 巨型　单片　　　　　单片
9. 16　　　　　　　　　2 100　　　　　　　　1 034　　　　　　　1
10. 找道　　　　　　　找扇区　　　　　　　　读/写
11. 柱面　　　　　　　盘面　　　　　　　　　磁道
12. 百万条指令　　　　 MIPS
13. ISA　　　　　　　　PCI
14. 完成　　　　　　　发表　　　　　　　　　公用
15. 支配　　　　　　　享受报酬

习题 1.3　判断题参考答案

1. ×　2. ×　3. √　4. √　5. √　6. √　7. ×　8. √
9. ×　10. ×　11. ×　12. ×　13. √　14. ×　15. √　16. √

二、Windows XP 部分

习题 2.1　选择题

1. 下面几种操作系统中，＿＿＿＿不是网络操作系统。
A. MS-DOS　　　B. Windows XP　　C. Linux　　　　D. UNIX
2. 下面有关 Windows 系统的叙述中，正确的是＿＿＿＿。
A. Windows 文件夹与 DOS 目录的功能完全相同
B. 在 Windows 环境中，安装一个设备驱动程序，必须重新启动后才起作用
C. 在 Windows 环境中，一个程序没有运行结束就不能启动另外的程序
D. Windows 是一种多任务操作系统

3. 把 Windows XP 的窗口和对话框作一比较，窗口可以移动和改变大小，而对话框____。

A. 既不能移动，也不能改变大小　　B. 仅可以移动，不能改变大小

C. 仅可以改变大小，不能移动　　　D. 既能移动，也能改变大小

4. 在 Windows 中，____项目通常是给该项目作标记，使之突出显示。

A. 选择　　　　B. 选定　　　　C. 单击　　　　D. 双击

5. 操作系统的作用是____。

A. 控制和管理系统资源的使用　　B. 只进行目录管理

C. 把源程序编译成目标程序　　　D. 高级语言和机器语言

6. Windows 操作具有____的特点。

A. 先选择操作对象，再选择操作项

B. 先选择操作对象，不选择操作项

C. 同时选择操作对象和操作项

D. 把操作项拖到操作对象上

7. Windows XP 默认环境中，在文档窗口之间切换的组合键是____。

A. Alt+Tab　　　B. Ctrl+F6　　　C. Ctrl+Tab　　　D. Alt+F6

8. 启动盘的文件夹中有一个____文件夹，Windows 启动时自动启动其中的文档、应用程序和快捷方式。

A. 启动　　　　B. 程序　　　　C. 附件　　　　D. 运行

9. 单击文件夹，选择"文件"菜单中的"删除"选项，则____。

A. 立刻弹出"删除"对话框　　　B. 立刻被删除

C. 文件夹立刻被发送到回收站　　D. 文件夹立刻消失

10. 在 Windows XP 中，为查看帮助信息，应按的功能键是____。

A. F6　　　　B. F2　　　　C. F1　　　　D. F10

11. 资源管理器中"文件"菜单中的"复制"选项可以用来复制____。

A. 菜单项　　　B. 文件夹　　　C. 窗口　　　　D. 对话框

12. 在操作系统中，文件管理的主要功能是____。

A. 实现文件的虚拟存取　　　　B. 实现文件的按名存取

C. 实现文件的按内容存取　　　D. 实现文件的高速存取

13. 保存文档的命令出现在____菜单中。

A."保存"　　　B."编辑"　　　C."格式"　　　D."文件"

14. 若微机系统需要"热启动"，应按下组合键____。

A. Ctrl+Alt+Break　　　　　　B. Ctrl+Alt+Del

C. Ctrl+Alt+Esc　　　　　　　D. Ctrl+Shift+Del

15. 在 Windows XP 中，能弹出对话框的操作是____。

A. 选择了带省略号的菜单项　　　B. 选择了带向右三角形箭头的菜单项

C. 选择了颜色变灰的菜单项　　　　D. 运行了与对话框对应的应用程序

16. 在 Windows XP 窗口菜单命令项中，若选项呈浅淡色，这意味着____。

A. 该命令项当前暂不可使用

B. 命令选项出了差错

C. 该命令项可以使用，变浅淡色是由于显示故障所致

D. 该命令项实际上并不存在，以后也无法使用

17. Windows XP 中，下列不能进行文件夹重命名操作的是____。

A. 单击"资源管理器"→"文件"→"重命名"命令

B. 选定文件后再单击文件名一次

C. 鼠标右键单击文件，在弹出的快捷菜单中选择"重命名"命令

D. 选择文件后再按 F4 键

18. 在 Windows XP 资源管理器中选定文件后，打开"文件属性"对话框的操作是____。

A. 单击"文件"→"属性"命令　　B. 单击"编辑"→"属性"命令

C. 单击"查看"→"属性"命令　　D. 单击"工具"→"属性"命令

19. 在 Windows XP 的资源管理器中，要一次选取多个不连续的文件或文件夹应使用____。

A. 按住 Shift 键，同时单击每一个要选择的文件或文件夹

B. 按住 Alt 键，同时单击每一个要选择的文件或文件夹

C. 按住 Ctrl 键，同时单击每一个要选择的文件或文件夹

D. 单击每一个要选择的文件或文件夹

20. 在 Windows XP 中，"资源管理器"窗口被分成两部分，其中左部显示的内容是____。

A. 当前打开的文件夹的内容　　B. 系统的树形文件夹结构

C. 当前打开的文件夹名称及其内容　D. 当前打开的文件夹名称

21. "资源管理器"左边窗口中的文件夹或驱动器的加号"+"表示____。

A. 等同数学中的"+"　　　　B. 文件夹的增加

C. 文件夹的移动　　　　　　D. 表示该文件夹包含子文件夹

22. Windows XP 中，欲选定当前文件夹中的全部文件和文件夹对象，可使用的组合键是____。

A. Ctrl+V　　　B. Ctrl+A　　　C. Ctrl+X　　　D. Ctrl+D

23. 下列文件名中，____是合法的 Windows XP 文件名。

A. A/B//C　　　B. ABCD*.TXT　　C. YOU.MIND.TXT　D. A???.CC

24. 下列关于 Windows XP 菜单的说法中，不正确的是____。

A. 命令前有"·"记号的菜单选项，表示该项已经选用

B. 当鼠标指向带有黑色箭头符号（▶）的菜单选项时弹出一个子菜单

C. 带省略号（…）的菜单选项执行后会打开一个对话框

D. 用灰色字符显示的菜单选项表示相应的程序被破坏

25. Delete 键等同于下面的____命令。

A.“复制” B.“粘贴” C.“删除” D.“重命名”

26. 删除 Windows XP 桌面上某个应用程序的图标，意味着____。

A. 该应用程序连同其图标一起被删除

B. 只删除了该应用程序，对应的图标被隐藏

C. 只删除了图标，对应的应用程序被保留

D. 该应用程序连同其图标一起被隐藏

27. 我的电脑是用来管理用户计算机资源的，下面的说法正确的是____。

A. 可对文件进行复制、删除等操作且可对文件夹进行复制、删除、移动等操作

B. 可对文件进行复制、删除等操作但不可对文件夹进行复制、删除、移动等操作

C. 不可对文件进行复制、删除等操作但可对文件夹进行复制、删除、移动等操作

D. 不可对文件进行复制、删除等操作也不可对文件夹进行复制、删除、移动等操作

28. 下面有关回收站的说法正确的是____。

A. 回收站可暂时存放被用户删除的文件

B. 回收站的文件是不可恢复的

C. 被用户永久删除的文件也可存放在回收站中一段时间

D. 回收站中的文件如果被还原，则回到用户所指定的位置

29. 剪贴板的作用是____。

A. 临时存放应用程序剪贴或复制的信息

B. 作为资源管理器管理的工作区

C. 作为并发程序的信息存储区

D. 在使用 DOS 时划给的临时区域

30. 在 Windows XP 中，要将整个屏幕画面复制到剪贴板上，可使用____组合键。

A. PrintScreen B. Alt+PrintScreen

C. Shift+PrintScreen D. Ctrl+PrintScreen

31. 在 Windows XP 中，要将活动窗口复制到剪贴板上，可使用____组合键。

A. PrintScreen B. Alt+PrintScreen

C. Shift+PrintScreen D. Ctrl+PrintScreen

32. 在 Windows XP 默认环境中，下列哪个组合键能将选定的文档放入剪贴板中？____

A. Ctrl+V B. Ctrl+Z C. Ctrl+X D. Ctrl+A

33. 在 Windows XP 操作中，若鼠标指针变成“Ⅰ”形状，则表示____。

A. 当前系统正在访问磁盘   B. 可以改变窗口的大小

C. 可以改变窗口的位置   D. 鼠标指针出现处可以接收键盘的输入

34. 在桌面上要移动任何 Windows 窗口，可用鼠标指针拖曳该窗口的____。

A. 标题栏   B. 边框   C. 滚动条   D. 系统菜单按钮

35. 一个文件的扩展名通常表示____。

A. 文件的版本   B. 文件的属性   C. 文件的大小   D. 文件的类型

36. 如果"资源管理器"窗口中有一个空文件夹，单击对应的右边的窗口____。

A. 显示原先的内容   B. 显示空白

C. 原先的内容将被复制到该文件夹   D. 提示操作出错

37. 文件夹所在的方框被加亮表示____。

A. 该文件夹被删除   B. 该文件夹被选中

C. 该文件夹的属性   D. 该文件夹是空文件夹

38. 在 Windows XP 中，打开上次最后一个使用的文档的最直接途径是____。

A. 单击"开始"按钮，然后指向"文档"选项

B. 单击"开始"按钮，然后指向"查找"选项

C. 单击"开始"按钮，然后指向"收藏"选项

D. 单击"开始"按钮，然后指向"程序"选项

39. 关于快捷菜单，下列说法不正确的是____。

A. 用鼠标右键单击某个图标时会弹出快捷菜单

B. 用鼠标右键单击不同的图标时而弹出的快捷菜单的内容都是一样的

C. 用鼠标右键单击桌面空白区也会弹出快捷菜单

D. 右击"资源管理区"窗口中的文件夹图标也会弹出快捷菜单

40. "开始"菜单中的"文档（document）"文件夹存放的是____。

A. 被删除的文件   B. 未使用的文件

C. 曾使用过的文件   D. 即将使用的文件

41. 下面关于回收站的说法正确的是____。

A. 删除软盘中的文件会放入回收站

B. 删除 U 盘中的文件会放入回收站

C. 删除硬盘中的文件会放入回收站

D. 回收站会回收所有被删除的文件

42. 回收站中的文件或文件夹被还原后，将____。

A. 在一个专门存放还原文件的文件夹中

B. 在驱动器 C：目录下

C. 在原先的位置

D. 在任何一个文件夹下

43. 在 Windows XP 中，全角方式下输入的数字应占的字节数是____。

A. 1   B. 2   C. 3   D. 4

44. 在下列输入法中能输入"Σ、Π、Ω、℃、①"等符号的方法有____。

A. 软键盘输入   B. 绘图方法

C. 区位码输入法   D. 全角法

45. 下面哪一组功能组合键用于输入法之间的切换____。

A. Shift+Alt   B. Ctrl+Alt   C. Alt+Tab   D. Ctrl+Shift

46. 通常在 Windows 98 的附件中不包含的应用程序是____。

A. 记事本   B. 画图   C. 计算器   D. 公式

47. 在 Windows XP 的写字板中，"打印预览"菜单项所在的下拉菜单是____。

A. "文件"   B. "编辑"   C. "视图"   D. "工具"

48. 有关 Windows XP 屏幕保护程序的说法，正确的是____。

A. 可以减少屏幕损耗   B. 可以节省计算机内存

C. 可以保障系统安全   D. 可以增加动感

49. 在 Windows XP 中，设置屏幕保护最简单的方法是在桌面上单击右键，在快捷菜单中选择____命令，然后进入对话框选择"屏幕保护程序"选项卡即可。

A. "属性"   B. "活动桌面"   C. "新建"   D. "刷新"

50. 在"我的电脑"窗口中改变一个文件或文件夹的名称，可以采用的方法是：先选取该文件夹或文件，再用鼠标____。

A. 单击该文件夹或文件的名称   B. 单击该文件夹或文件的图标

C. 双击该文件夹或文件的名称   D. 双击该文件夹或文件的图标

51. 在 Windows XP 界面中，当一个窗口最小化后，其图标位于____。

A. 标题栏   B. 工具栏   C. 任务栏   D. 菜单栏

52. 下面对"我的电脑"图标采用何种方式的操作，可将"我的电脑"窗口打开____。

A. 用左键单击   B. 用左键双击   C. 用右键单击   D. 用右键双击

53. 打开快捷菜单的操作为____。

A. 单击左键   B. 单击右键   C. 双击左键   D. 三击左键

54. 双击左键的作用有____。

A. 选择对象   B. 拖曳对象   C. 复制对象   D. 运行对象

55. 在 Windows XP 中，活动窗口表现为____。

A. 普通窗口   B. 最小窗口

C. 任务栏上的对应任务按钮往外凸   D. 任务栏上的对应任务按钮往内凹

56. 在 Windows XP 的系统工具中，磁盘碎片整理程序的功能是____。

A. 把不连续的文件变成连续存储，从而提高磁盘读/写速度

B. 把磁盘上的文件进行压缩存储，从而提高磁盘利用率

C. 诊断和修复磁盘上的存储错误

D. 把磁盘上的碎片文件删除掉

习题 2.2 填空题

1. MS-DOS 是一种_____用户、_____任务的操作系统。

2. 在当前目录下建立 USER 子目录的命令是_____；将当前系统提示符 C>变为 C:\>的命令是____。

3. 用户从键盘上输入的汉字编码称为_____码，汉字在计算机内部存储和处理的表示形式称为_____码，一个_____码采用两个字节表示，且每个字节的最高位为 "1"，以区别于 ASCII 码。

4. 在 Windows 菜单命令中，有些命令是暗淡显示的，说明该命令_____；有些命令后有 "▶" 符号，说明该命令_____；有些命令后有 "..." 符号，说明该命令____。

5. 资源管理器和 "我的电脑" 窗口的不同之处是：资源管理器永远在同一个窗口中浏览文件和文件夹，而我的电脑则可以为每个文件_____；资源管理器中可以使用左边的文件夹列表选择浏览哪个文件夹，而我的电脑____。

6. 在 Windows 中，把活动窗口或对话框复制到剪贴板上，可按_____键和_____键。

7. 删除文件时，如果不想把文件移入回收站，可先选择要删除的文件，右键单击这些文件，再按住_____键不放，则单击一个文件就删除它。如果使用键盘，则在按住_____键的同时，按_____键即可。

8. 利用控制面板进行设置：在 5 分钟内如果不按键也未移动鼠标，就以 "飞行 Windows" 窗口进行屏幕保护。设置的过程是：打开_____窗口；选择_____对象；选择_____对话框的_____页；在_____下拉列表框选择 "飞行 Windows 选项"；在_____数字框中选 5；单击_____按钮。

习题 2.3 判断题

1. 操作系统管理计算机的所有硬件资源，处理机也是在操作系统的完全控制下工作的。　　　　　　　　　　　　　　　　　　　　　　（　　）

2. Linux 发行版的发行商拥有其发行版中所有软件模块的版权。　（　　）

3. 没有鼠标无法操作 Windows。　　　　　　　　　　　　　　（　　）

4. 利用 Windows 的安全启动模式可以解决启动时的一些问题。　（　　）

5. Windows 的对话框和窗口只有个体的差异而没有本质的区别。　（　　）

6. Windows 工作的每个时刻，桌面上总有一个对象处于活动状态。（　　）

7. 要找到一个打开的、被缩小的窗口的唯一办法就是寻找任务栏上的按钮。
　　　　　　　　　　　　　　　　　　　　　　　　　　　　（　　）

8. Windows 系统的帮助功能都是通过 "帮助" 窗口提供的。　　（　　）

习题 2.4 简答题

1. 按照内容可把磁盘文件分为哪几大类？各类文件的内容有什么区别？

2. 什么是 DOS 默认的标准输入设备和标准输出设备，它们的设备名各是什么？

3. 拼音码输入法与区位码输入法有什么不同？

4. 描画常见的 5 种鼠标箭头的形状，说明它们各自的作用。

5. 举例说明资源管理器中的 5 种文件图标。

6. 举例说明什么是 Windows 的即插即用功能。

7. 应用程序窗口和文档窗口有什么区别？关闭应用程序窗口和关闭文档窗口的结果是否相同（请在计算机上验证）？

8. 能否用光标键来代替鼠标操作？如果能的话，说明如何代替？

习题 2.5 操作题

1. 请依次解答以下各小题：

（1）在考生文件夹下建立文件夹 WORK_DIR。

（2）在 WORK_DIR 文件夹下建立文本文件 LETTER.TXT，文件内容为自己的学号（在首行输入，中间不留空格，半角字符）。

（3）在桌面上建立上题中文本文件的快捷方式，快捷方式名为自己的学号。

（4）在考生文件夹下建立 MYDIR 文件夹，然后将 LETTER.TXT 文件移至 MYDIR 文件夹中。

2. 请依次解答以下各小题：

（1）在考生目录下建立子目录 DOS_USER。

（2）将 C 盘根目录下的文件 CONFIG.SYS 复制到 DOS_USER 目录下。

（3）在 DOS_USER 子目录下建立子目录 DOS_STUD。

（4）删除 DOS_USER 子目录。

3. 请依次解答以下各小题：

（1）查找 NOTEPAD.EXE 并将其复制到考生文件夹下。

（2）在考生文件夹下建立 MYDIR 文件夹，然后在 MYDIR 文件夹下建立 WORK_DIR 文件夹。

（3）在 MYDIR/WORK_DIR 文件夹下建立 5 个空的 Word 文档：TEST1.DOC、TEST2.DOC、TEST3.DOC、TEST4.DOC、TEST5.DOC。

（4）删除上题所建立的 5 个 Word 文档。

4. 请依次解答以下各小题：

（1）在考生文件夹下建立两个子文件夹，STUD1 和 STUD2。

（2）在计算机中查找 NOTEPAD.EXE 文件，并将其复制到 STUD1 子文件夹下。

（3）在 STUD2 子文件夹下建立文本文件 COOK.TXT，文件内容为自己的学号（在首行插入，中间不留空格，半角字符）。

（4）在桌面上建立 COOK.TXT 文件的快捷方式，快捷方式名为自己的学号。

5. 请依次解答以下各小题：

（1）在计算机上查找 WINWORD.EXE，并在桌面上建立其快捷方式，快捷方式名为自己的学号。

（2）在考生文件夹下建立子文件夹 WORK_DIR。

（3）将 WORK_DIR 子文件夹重命名为 MYDIR。

（4）在 MYDIR 子文件夹下建立 5 个空的文本文件 STUD1.TXT、STUD2.TXT、STUD3.TXT、STUD4.TXT、STUD5.TXT。

6. 请依次解答以下各小题：

（1）查找 NOTEPAD.EXE 并将其复制到考生文件夹下。

（2）在考生文件夹下建立 MYDIR 文件夹，然后在 MYDIR 文件夹下建立 WORK_DIR 文件夹。

（3）在考生文件夹下建立 MYDIR 文件夹，然后将 LETTER.TXT 文件移至 MYDIR 文件夹。

（4）在计算机中查找 NOTEPAD.EXE 文件，并将其复制到 STUD1 子文件夹下。

7. 请依次解答以下各小题：

（1）用画图程序在考生文件夹下建立一个名为 THREE.BMP 的文件。

（2）在桌面上创建以自己的学号命名的快捷方式，该方式运行命令为"C:\Windows\ WORDPAD.EXE"。

（3）用记事本在考生文件夹下建立一个名为 ONE.TXT 的文件，在该文件中输入自己的学号。

（4）在考生文件夹下建立以自己的学号命名的文件夹，并将考生文件夹下的两个文件 THREE.BMP 和 ONE.TXT 移到该文件夹下。

8. 请依次解答以下各小题：

（1）在考生目录下建立文件夹 Stu1 和 Stu2。

（2）查找 NotePad.exe 文件并复制到 Stu2 文件夹中，并将其改为只读文件。

（3）在考生目录下建立空的 Word 文档 stud.doc，并复制到文件夹 Stu1 中。

（4）将 Stu1 中 stud.doc 文档在桌面上建立快捷方式，并改名为自己的学号。

9. 请依次解答以下各小题：

（1）在考生目录下建立子目录 dos_stu1。

（2）在子目录 dos_stu1 下建立子目录 dos_stu2。

（3）将目录 dos_stu1 改名为 dos_stud。

（4）删除子目录 dos_stu2。

10. 请依次解答以下各小题：

（1）在考生文件夹下新建文件夹 my，查找 access.hlp 文件并复制到 my 文件夹下。

（2）为 my 文件夹中文件 access.hlp 设置"隐藏"属性。

（3）在 my 文件夹下建立文件 Wp.TXT，在该文件中输入："我是一名优秀的大学生"并存盘。

（4）将 MyDir\Work_Dir 文件夹下的 Calc.EXE 文件设置为"只读"属性。

11. 请依次解答以下各小题：

（1）查找 Calc.EXE 文件并将其复制到考生文件夹下。

（2）在考生文件夹下建立两个子文件夹 Stud1 和 Stud2。

（3）把 Calc.EXE 文件分别复制到 Stud1 和 Stud2 这两个文件夹中。

（4）把 Stud1 文件夹中的 Calc.EXE 文件删除，把 Stud2 文件夹中的 Calc.EXE 文件属性设置为隐藏。

12. 请依次解答以下各小题：

（1）在考生文件夹下分别建立名为 EXAM1 和 EXAM2 的子文件夹。

（2）使用写字板建立文件 SHITI3.BMP，在其内输入文字"安源学院"并插入对象：BMP 图像，画圆和矩形各一个，然后存入 EXAM1 文件夹。

（3）将文件 SHITI3.BMP 复制到 EXAM2 文件夹中，并更名为 STUDENT.BMP。

（4）删除文件夹 EXAM1 和其中的文件。

13. 请依次解答以下各小题：

（1）在考生文件夹下新建一个文件夹 dxsn，然后在它下面建一个文件名为 dxsm.TXT 的文件。

（2）将 dxsn 文件夹中的文件 dxsm.TXT 更名为 dx.TXT。

（3）将文件 dx.TXT 设置成仅具有"只读"属性的文件。

（4）将 dx.TXT 在桌面上设置快捷方式，快捷方式名称为你的学号。

14. 请依次解答以下各小题：

（1）在考生文件夹下建立子文件夹，分别命名为 files1 和 files2。

（2）用记事本建立一个文件，输入算术式"3456*674/4+123="，用计算器计算其结果并粘贴到等号后，再以 TEMP1.TXT 的文件名保存到 files1 文件夹中。

（3）将 TEMP1.TXT 文件复制到 files2 文件夹下，并更名为 TEMP2.TXT。

（4）用画图程序任意绘制一个位图文件，以文件名 FIGURE 保存到文件夹 files1 中。

15. 请依次解答以下各小题：

（1）在自己的文件夹下建立新文件夹 MY1 和 MY2，在文件夹 MY2 中建立文件 TEST1.DOC。

（2）将 TEST1.DOC 复制到文件夹 MY1 中。

（3）将 MY2 中的 TEST1.DOC 文件改名为 RESULT.DOC，并将其放入 Windows 的回收站中。

（4）在 Windows 的画图程序中任意绘制一个图形，将文件取名为 TEST2.BMP

并存放在文件夹 MY1 中。

16. 请依次解答以下各小题：

（1）启动 Windows 中的记事本，在顶行开始写入文字"计算机网络"，并以文件名 NE1 存到考生文件夹中。

（2）把 NE1 中的"计算机网络"修改成"计算机程序设计"，保存文件。

（3）调用画图程序，任意画一幅图，并以文件名 NE2 存到考生文件夹中。

（4）将 NE2 用快捷方式拉到桌面上，并把文件名改为自己的学号。

17. 请依次解答以下各小题：

（1）在考生文件夹中建立名为 student1 和 student2 两个平行的文件夹。

（2）在自己的计算机中寻找两个文件，一个是 waves.bmp 文件，另一个是 wordpad.exe 文件，把 waves.bmp 文件复制到 student1 文件夹中，把 wordpad.exe 文件复制到 student2 文件夹中。

（3）把 waves.bmp 文件属性设置成仅具"隐含"属性，把 wordpad.exe 文件属性设置为仅具"只读"属性。

（4）把 student2 文件夹移到 student1 文件夹中。

18. 请依次解答以下各小题：

（1）在考生文件夹下分别建立名为 folder1 和 folder2 的文件夹。

（2）用画图程序画一幅图，主题是"家乡的秋天"，取名为 autumn.jpg，并存入 folder2 文件夹。

（3）将 folder2 文件夹中的 autumn.jpg 文件复制到 folder1 文件夹下，并重命名为 folder1autumn.jpg。

（4）在桌面上创建 folder2 文件夹中 autumn.jpg 文件的快捷方式，命名为自己的学号。

习题 2.1 选择题参考答案

1. A 2. D 3. B 4. B 5. A 6. A 7. A 8. A 9. A 10. C
11. B 12. B 13. D 14. B 15. A 16. A 17. D 18. A 19. C 20. B
21. D 22. B 23. C 24. D 25. C 26. C 27. A 28. A 29. A 30. A
31. B 32. C 33. D 34. A 35. D 36. B 37. B 38. A 39. B 40. C
41. C 42. C 43. B 44. A 45. D 46. D 47. A 48. A 49. A 50. A
51. C 52. B 53. B 54. D 55. D 56. A

习题 2.2 填空题参考答案

1. 单　　　　　　　　单
2. MD USER，DIR *.SYS/AH　　　PROMPT PG
3. 外　内　　　　　　内
4. 不可用　　　　　　有下拉子菜单有对话框
5. 设置不同的窗口　　不行

6. Alt　　　　　　　　PrintScreen
7. Shift　　　　　　　Del
8. "控制面板"　　　　"显示"　　　　"显示属性"
"屏幕保护程序"　　　"屏幕保护程序"　　　"等待"
"确定"

习题 2.3　判断题参考答案

1. ×　2. ×　3. ×　4. √　5. ×　6. √　7. √　8. ×

习题 2.4　简答题参考答案

1. 按照内容可把磁盘文件分为文本文件和二进制文件两类。文本文件的内容主要是可见字符（字母、数字、标点符号）和空格、换行符等各种特殊符号。二进制文件是可执行的程序文件和许多其他类型的文件。

2. DOS 默认的标准输入设备是键盘，标准输出设备是显示器，它们的设备名都是 COM:。

3. 拼音码输入法是用汉语拼音给汉字编码的，例如，编码 xi 表示汉字"西"。区位码输入法是用数字给汉字编码的，例如，编码"1601"表示汉字"啊"。

4. 常见的 5 种鼠标箭头的形状及其作用如图 1 所示。

5. 常见的 5 种文件图标如图 2 所示，它们分别代表"未知"类型的文件、Word 文档、WinRAR 压缩文档、网页文件和"画图"文档。

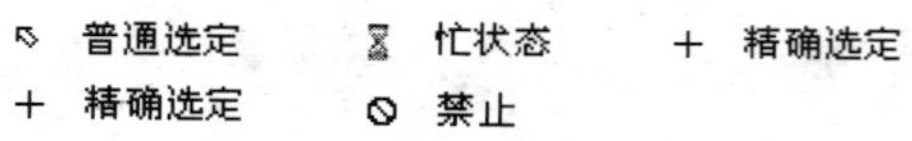

| ⬚ 普通选定 | ⌛ 忙状态 | ✛ 精确选定 |
| ✛ 精确选定 | ⊘ 禁止 | |

图 1　5 种鼠标箭头

pres0.ppz　Delphi新书_目录　usb1.1　中国科技首页　西域之瓜

图 2　5 种文件图标

6. 例如，因为 Windows 具有设备的即插即用功能，所以，如果在计算机启动之后将一个 U 盘插入 USB 接口，则 Windows 会自动识别它，并使之处于待用状态。如果没有这种功能，就需要重新启动计算机，然后才能使用。

7. 一般来说，文档窗口是包容在应用程序窗口内的，应用程序窗口不能操纵自己的客户区而是由文档窗口占用。

应用程序窗口和文档窗口上都有"×"按钮，分别用于关闭各自的窗口。关闭文档窗口后，应用程序窗口仍是打开的，而关闭应用程序窗口后，其中的文档窗口也一起关闭。

8. 可以用数字键盘上的一些按键来移动鼠标指针或进行其他鼠标操作，方法如下：

（1）打开鼠标键。方法是：打开"控制面板"窗口，选择其中的"辅助功能"选项；切换到"鼠标"选项卡，选中"使用鼠标键"复选框，然后单击"确定"按钮。

（2）按以下对应关系，按数字键盘上的键来移动鼠标或进行其他操作，如图 3 所示。

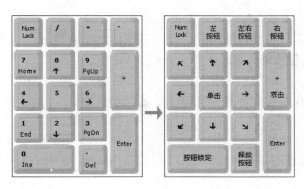

图 3　鼠标键

三、Word 2003 部分

习题 3.1　选择题

1. Word 的集中式剪贴板可以保存最近____次复制的内容。

A. 1　　　　　　B. 6　　　　　　C. 12　　　　　　D. 16

2. 在____中能够仿真 WWW 浏览器来显示 HTML 文档。

A. 普通视图　　　B. Web 版式视图　C. 大纲视图　　　D. 页面视图

3. 打开 Word 2003 的____功能，可以大大减少断电或死机时由于忘记保存文档而造成的损失。

A. 快速保存文档　　　　　　　　B. 建立自动备份
C. 启动保存文档　　　　　　　　D. 为文档添加密码

4. Word 2003 中查找文件时，如果输入"*.doc"，表明要查找当前目录下的____。

A. 文件名为*.doc 的文件　　　　B. 文件名中有一个*的 doc 文件
C. 所有的 doc 文件　　　　　　　D. 文件名长度为一个字符的 doc 文件

5. Word 文档文件的扩展名是____。

A. txt　　　　　　B. wps　　　　　　C. doc　　　　　　D. dot

6. 若想控制段落的第一行第一个字的起始位置，应该调整____。

A. 挂缩进　　　B. 行缩进　　　C. 左缩进　　　D. 右缩进

7. 在_____视图下，用户是无法看到自己绘制的图形的。

A. 页面　　　B. Web 版式　　　C. 打印预览　　　D. 普通

8. 将插入点移到某行中间，按组合键 Shift+Enter，则____。

A. 将一行变成了两行，并在断点处插入一个分页符

B. 将一行变成了两行，并在断点处插入一个段落标记符

C. 将一行变成了两行，并在断点处插入一个换行符

D. 将一行变成了两行，并在断点处插入一个分节符

9. Word 2003 与其他应用程序共享数据时，只有通过____方式共享，Word 文档中的信息才会随着信息源的更改而自动更改。

A. 嵌入　　　　　B. 链接　　　　　C. 复制　　　　　D. 都可以

10. 下列操作中能在各种中文输入法之间切换的是____。

A. Ctrl+Shift 键　　　　　　　　B. Ctrl+Space

C. Alt+F1 功能键　　　　　　　　D. Shift+Space

11. Word 文档中，若鼠标置于行首，下列哪种操作可以选择光标所在段落？____。

A. 三击鼠标　　　B. 单击　　　　　C. 双击　　　　　D. 右击

12. Word 中，下列删除选定文本的操作中错误的是____。

A. 按 Del 键　　　B. 按 Ins 键

C. 单击"编辑"→"剪切"命令　　D. 单击工具栏上的"剪切"按钮

13. 在 Word 的编辑状态，当前正编辑一个新建文档"文档1"，当执行"文件"菜单中的"保存"命令后____。

A. 该"文档1"被存盘　　　　　　B. 弹出"另存为"对话框，供进一步操作

C. 自动以"文档1"为名存盘　　　D. 不能将"文档1"存盘

14. 编辑 Word 文档时，对于误操作的纠正方法是____。

A.单击"恢复"按钮　　　　　　　B. 单击"撤销"按钮

C. 单击左键　　　　　　　　　　D. 不存盘退出再重新打开

15. Word 常用工具栏中的格式刷可用于复制文本或段落的格式，若要将选中的文本或段落的格式复制多次应进行的操作是____。

A. 单击"格式刷"按钮　　　　　　B. 双击"格式刷"按钮

C. 拖动"格式刷"按钮　　　　　　D. 右击"格式刷"按钮

16. 使用 Word 文档段落左右边界以及首行缩进格式的最方便、直观、快捷的方法是____。

A. 菜单命令　　　B. 工具栏　　　　C. 格式栏　　　　D. 标尺

17. Word 的编辑状态，执行编辑命令"粘贴"后____。

A. 将文档中被选择的内容复制到当前插入点处

B. 将文档中被选择的内容移到剪贴板中

C. 将剪贴板中的内容移到当前插入点处

D. 将剪贴板中的内容复制到当前插入点处

18. 用 Word 编辑文件时，用户可以设置文件的自动保存时间间隔。如果改变自动保存时间间隔，将选择____。

A. "视图"菜单 B. "编辑"菜单 C. "格式"菜单 D. "工具"菜单

19. 在 Word 中，对某个段落的全部文字进行下列设置，属于段落格式设置的是____。

A. 设置为四号字   B. 设置为楷体字

C. 设置为 1.5 倍行距   D. 设置为 4 磅字间距

20. 在 Word 中，用鼠标拖曳方式进行复制和移动操作时，它们的区别是____。

A. 移动时直接拖曳，复制时需要按住 Ctrl 键

B. 移动时直接拖曳，复制时需要按住 Shift 键

C. 复制时直接拖曳，移动时需要按住 Ctrl 键

D. 复制时直接拖曳，移动时需要按住 Shift 键

21. 在 Word 中，设定打印纸张大小时，应当使用的命令是____。

A. "视图"菜单中的"工具栏"命令

B. "视图"菜单中的"页面"命令

C. "文件"菜单中的"打印预览"命令

D. "文件"菜单中的"页面设置"命令

22. 在 Word 中，处于改写状态时，若要转换成插入状态，应该按____键。

A. Enter   B. Insert   C. Ctrl+Insert   D. Alt+Enter

23. 在使用 Word 2003 时，要迅速将插入点定位到"计算机"一词，可使用"查找和替换"对话框中的____选项卡。

A. "替换"   B. "设备"   C. "查找"   D. "定位"

24. 在输入文档时，若需换行又不想产生一个新的段落可用____。

A. Ctrl+Enter   B. Shift+Enter   C. Ctrl+Tab   D. Shift+Tab

25. 在 Word 2003 的一个文本行当中按一次 Enter 键，将____。

A. 将这一行分成两行，但仍属同一段落   B. 将这一行删除

C. 将这一行分成两行，并另起一段落   D. 选定这一行

26. 在 Word 文档中要选定文本中任意一矩形文本，应按住____同时按住鼠标左键拖动。

A. Ctrl 键   B. Alt 键   C. Shift 键   D. 空格键

27. 下列格式效果必须在页面视图中才能正常显示的是____。

A. 字体   B. 分栏   C. 段落   D. 边框和底纹

28. Word 2003 主窗口的右上角可以同时显示的按钮是____。

A. 最小化、还原和最大化   B. 还原、最大化和关闭

C. 最小化、还原和关闭   D. 还原和最大化

29. 在 Word 2003 的编辑状态，执行"编辑"菜单中的"复制"命令后____。

A. 被选择的内容被复制到插入点处

B. 被选择的内容被复制到剪贴板

C. 插入点所在的段落内容被复制到剪贴板

D. 光标所在的段落内容被复制到剪贴板

30. Word 2003 的"文件"命令菜单底部显示的文件名所对应的文件是____。

A. 当前被操作的文件　　　　　　　B. 当前已经打开的所有文件

C. 最近被操作过的文件　　　　　　D. 扩展名是.doc 的所有文件

31. 前活动窗口是文档 d1.doc 的窗口，单击该窗口的"最小化"按钮后____。

A. 不显示 d1.doc 文档内容，但 d1.doc 文档并未关闭

B. 该窗口和 d1.doc 文档都被关闭

C. d1.doc 文档未关闭，且继续显示其内容

D. 关闭了 d1.doc 文档但该窗口并未关闭

32. Word 2003 中，要改变行间距，则应选择____。

A."插入"菜单中的"分隔符"命令　　B."格式"菜单中的"字体"命令

C."格式"菜单中的"段落"命令　　　D."视图"菜单中的"缩放"命令

33. 在 Word 2003 编辑过程中，想把整个文本中的"计算机"都删除，最简单的方法是使用"编辑"菜单中的____命令。

A."清除"　　　　B."撤销"　　　　　C."剪切"　　　　D."替换"

34. 在 Word 文档中要设置页边距，则应该使用____。

A."文件"菜单中的"页面设置"命令

B."文件"菜单中的"版心设置"命令

C."格式"菜单中的"段落"命令

D."格式"菜单中的"字体"命令

35. 在 Word 中，当"常用"工具栏中的"粘贴"按钮呈灰色而不能使用时，表示的是____。

A. 剪切板里没有内容　　　　　　　B. 剪切板里有内容

C. 在文档中没有选定内容　　　　　D. 在文档中已选定内容

36. 在 Word 中，下面关于"常用"工具栏上"撤销"按钮所能执行功能的叙述中，正确的是____。

A. 已经做的操作不能撤销

B. 只能撤销上一次的操作内容

C. 只能撤销上一次存盘后的操作内容

D. 可撤销操作列表中的所有操作

37. Word 2003 编辑状态下，给当前打开的文档加上页码，应使用的下拉菜单是____。

A."编辑"　　　　B."插入"　　　　　C."格式"　　　　D."工具"

38. 在 Word 2003 编辑状态下，要将文档中的所有 E-mail 替换成"电子邮件"，应使用的菜单是____。

A."编辑"　　　　B."视图"　　　　C."插入"　　　　D."格式"

39. 在 Word 2003 编辑状态下，如果要在当前窗口中隐藏（或显示）"格式"工具栏，应选择的操作是＿＿。

A. 单击"工具"→"格式"命令

B. 单击"视图"→"格式"命令

C. 单击"视图"→"工具栏"→"格式"命令

D. 单击"编辑"→"工具栏"→"格式"命令

40. Windows 处于系统默认状态，在 Word 2003 编辑状态下，移动鼠标至文档文首空白处（文本选定区）连击左键三下，结果会选择文档的＿＿。

A. 一句话　　　　B. 一行　　　　　C. 一段　　　　　D. 全文

41. 在 Word 2003 中，新建一个 Word 文档，默认的文件名是"文档1"，文档内容的第一行标题是"说明书"，保存该文件时没有重新命名，则该 Word 文档的文件名是＿＿。

A. 文档 1.doc　　B. doc1.doc　　C. 说明书.doc　　D. 没有文件名

42. Word 2003 编辑状态下，若想将表格中连续 3 列的列宽调整为 1 厘米，应该先选中这 3 列，然后单击＿＿。

A."表格"→"平均分布各列"命令

B."表格"→"表格属性"命令

C."表格"→"表格自动套用格式"命令

D."表格"→"平均分布各行"命令

43. Word 2003 编辑状态下，能在中英文输入法间进行切换的操作是＿＿。

A. Ctrl+空格键　　　　　　　　B. Alt+空格键

C. Shift+空格键　　　　　　　　D. Ctrl+Shift+空格键

44. 在编辑 Word 2003 文档时，"剪切"命令和"复制"命令都将选定的内容放在剪贴板上，但"复制"命令保留选定的内容，而"剪切"命令＿＿。

A. 粘贴选定的内容　　　　　　　B. 删除选定的内容

C. 保留选定的内容　　　　　　　D. 复制选定的内容

45. 在 Word 的编辑状态下，选择了整个表格，执行了"表格"菜单中的"删除行"命令，则＿＿。

A. 整个表格被删除　　　　　　　B. 表格中一行被删除

C. 表格中一列被删除　　　　　　D. 表格中没有被删除的内容

46. Word 主窗口的标题栏右边显示的按钮是＿＿。

A."最小化"按钮　　　　　　　　B."还原"按钮

C."关闭"按钮　　　　　　　　　D."最大化"按钮

47. 在 Word 中，＿＿用于控制文档在屏幕上的显示大小。

A. 全屏显示　　B. 比例显示　　C. 缩放显示　　D. 页面显示

48. 在 Word 中，如果当前光标在表格中某行的最后一个单元格的外框线上，按 Enter 键后，____。

A. 光标所在行加宽　　　　　　　　B. 光标所在列加宽

C. 在光标所在行下增加一行　　　　D. 对表格不起作用

49. 在 Word 中，如果插入的表格其内外框线是虚线，要想将框线变成实线，可在____菜单中实现（假使光标在表格中）。

A. 菜单"表格"的"虚线"　　　　　B. 菜单"格式"的"边框和底纹"

C. 菜单"表格"的"选中表格"　　　D. 菜单"格式"的"制表位"

50. 在 Word 2003 编辑状态下，若要把选定的文字移到其他文档中，首先应选用的按钮是____。

A. "剪切"　　　B. "复制"　　　C. "粘贴"　　　D. "格式刷"

51. 在 Word 的编辑状态，连续进行了两次输入操作，当单击一次"撤销"按钮后____。

A. 将两次插入的内容全部取消　　　B. 将第一次插入的内容取消

C. 将第二次插入的内容取消　　　　D. 两次插入的内容都不被取消

52. Word 编辑文本时，为了把不相邻的两段文字互换位置，可以采用____操作。

A. 剪切　　　　B. 粘贴　　　　C. 复制+粘贴　　　D. 剪切+粘贴

53. 在 Word 文档窗口中，若选定的文本块中包含有几种字体的汉字，则"格式"工具栏的字体框中显示____。

A. 空白　　　　　　　　　　　　　B. 第一个汉字的字体

C. 系统默认字体：宋体　　　　　　D. 文本块中使用最多的文字字体

54. Word 2003 文档中插入的图片，对其进行编辑时____。

A. 只能缩放，不能裁剪　　　　　　B. 只能裁剪，不能缩放

C. 既能缩放，又能裁剪　　　　　　D. 根据图片的类型确定缩放或裁剪

55. 先打开 Word 2003 文档，再单击"常用"工具栏中的"打印"按钮，则将打印该文档的____。

A. 当前页　　　　　　　　　　　　B. 全部

C. 光标位置以前的部分　　　　　　D. 光标位置以后的部分

56. 关于 Word 2003 中的多文档窗口操作，以下叙述中错误的是____。

A. Word 的文档窗口可以拆分为两个文档窗口

B. 多个文档编辑工作结束后，只能一个一个地存盘或关闭文档窗口

C. Word 允许同时打开多个文档进行编辑，每个文档有一个文档窗口

D. 多文档窗口间的内容可以进行剪切、粘贴和复制等操作

57. 在 Word 2003 中，若要计算表格中某行数值的总和，可使用的统计函数是____。

A. Sum( )　　　　B. Total( )　　　　C. Count( )　　　D. Average( )

58. 在 Word 的编辑状态，当前编辑文档中的字体全是宋体字，选择了一段文字使之成反显状，先设定了楷体，又设定了仿宋体，则____。

A. 文档全文都是楷体　　　　　　　B. 被选择的内容仍为宋体

C. 被选择的内容变为仿宋体　　　　D. 文档的全部文字的字体不变

59. Word 的编辑状态，按先后顺序依次打开了 d1.doc、d2.doc、d3.doc、d4.doc4 个文档，当前的活动窗口是哪个文档的窗口？____

A. d1.doc 的窗口　　　　　　　　　B. d2.doc 的窗口

C. d3.doc 的窗口　　　　　　　　　D. d4.doc 的窗口

60. 进入 Word 的编辑状态后，进行中文标点符号与英文标点符号之间切换的快捷键是____。

A. Shift+空格　　B. Shift+Ctrl　　C. Shift+　　D. Ctrl+

61. 在 Word 的编辑状态，打开了 wl.doc 文档，若要将经过编辑后的文档以 w2.doc 为名存盘，应当执行"文件"菜单中的____命令。

A. "保存"　　　　B. "另存为 HTML"

C. "另存为"　　　D. "版本"

62. 在 Word 编辑状态，可以使插入点快速移到文档首部的组合键是____。

A. Ctrl+Home　　B. Alt+Home　　C. Home　　　D. PageUp

63. 在 Word 2003 的编辑状态，打开文档 ABC，修改后另存为 ABD，则文档 ABC____。

A. 被文档 ABC 覆盖　　　　　　　B. 被修改未关闭

C. 被修改并关闭　　　　　　　　　D. 未修改被关闭

64. 在 Word 2003 的编辑状态中，"粘贴"操作的组合键是____。

A. Ctrl+A　　　B. Ctrl+C　　　C. Ctrl+V　　　D. Ctrl+X

65. 在 Word 2003 的编辑状态中，对已经输入的文档进行分栏操作，需要使用的菜单是____。

A. "编辑"　　　B. "视图"　　　C. "格式"　　　D. "工具"

66. Word 2003 的编辑状态中，使插入点快速移动到文档尾的操作是____。

A. PageUp　　　B. Alt+End　　　C. Ctrl+End　　D. PageDown

67. 在 Word 2003 的编辑状态中，"复制"操作的组合键是____。

A. Ctrl+A　　　B. Ctrl+X　　　C. Ctrl+V　　　D. Ctrl+D

68. 在 Word 2003 的编辑状态中，统计文档的字数需要使用的菜单是____。

A. "文件"　　　B. "视图"　　　C. "格式"　　　D. "工具"

69. Word 2003 的编辑状态中，对已经输入的文档设置首字下沉，需要使用的菜单是____。

A. "编辑"　　　B. "视图"　　　C. "格式"　　　D. "工具"

70. 在 Word 2003 的文档中插入声音文件，应选择"插入"菜单中的菜单项是____。

    A. "对象"   B. "图片"   C. "图文框"   D. "文本框"

71. Word 2003 的表格操作中，当前插入点在表格中某行的最后一个单元格内，按 Enter 键后则____。

    A. 插入点所在的行加高   B. 插入点所在的列加宽

    C. 在插入点下一行增加一空表格行 D. 对表格不起作用

72. 在 Word 2003 编辑状态下，只想复制选定文字的内容而不需要复制选定文字的格式，则应____。

    A. 直接使用"粘贴"按钮   B. 单击"编辑"→"选择性粘贴"命令

    C. 单击"编辑"→"粘贴"命令   D. 在指定位置按鼠标右键

73. 在 Word 2003 编辑状态下，要将另一文档的内容全部添加在当前文档的当前光标处，应选择的操作是____。

    A. 单击"文件"→"打开"命令   B. 单击"文件"→"新建"命令

    C. 单击"插入"→"文件"命令   D. 单击"插入"→"超链接"命令

74. Word 2003 的查找、替换功能非常强大，下面的叙述中正确的是____。

    A. 不可以指定查找文字的格式，只可以指定替换文字的格式

    B. 可以指定查找文字的格式，但不可以指定替换文字的格式

    C. 不可以按指定文字的格式进行查找及替换

    D. 可以按指定文字的格式进行查找及替换

75. 在 Word 2003 的编辑状态下，将选定的中英文同时设置为不同的字体，应使用____。

    A. "格式"菜单下的"字体"命令

    B. "工具"菜单下的"语言"命令

    C. "工具"菜单下的"拼写和语法"命令

    D. "格式"工具栏中的"字体"列表框

76. 在 Word 2003 的多文档编辑状态下，对各文档窗口间的内容____。

    A. 可以进行移动，不可以进行复制 B. 不可以进行移动，可以进行复制

    C. 可以进行移动，也可以进行复制 D. 既不可以移动，也不可以复制

77. Word 2003 编辑状态下，格式刷可以复制____。

    A. 段落的格式和内容   B. 段落和文字的格式和内容

    C. 文字的格式和内容   D. 段落和文字的格式

78. 在 Word 的编辑状态，选择了文档全文，若在"段落"对话框中设置行距为 20 磅的格式，应当选择"行距"列表框中的____。

    A. 单倍行距   B. 1.5 倍行距   C. 固定值   D. 多倍行距

79. 在 Word 的编辑状态，选择了当前文档中的一个段落，进行"清除"操作（或按 Del 键），则____。

A. 该段落被删除且不能恢复

B. 该段落被删除，但能恢复

C. 能利用"回收站"恢复被删除的该段落

D. 该段落被移到"回收站"

80. 在 Word 2003 中，插入点的形状是____。

A. 手形　　　　　　B. 闪烁的竖条形　C. 箭头形　　　　D. 沙漏形

81. 如果已有页眉或页脚，再次进入页眉页脚区只需双击____就行了。

A. 文本区　　　　　B. 菜单区　　　　C. 工具栏区　　　D. 页眉页脚区

82. Word 在编辑一个文档完毕后，要想知道它的打印效果，可使用____功能。

A. 打印预览　　　　B. 模拟打印　　　C. 提前打印　　　D. 屏幕打印

83. 在 Word 2003 的菜单中，经常有一些命令是暗淡的，表示____。

A. 系统运行故障　　　　　　　　B. 应用程序本身有故障添加

C. 这些命令在当前状态下不起作用　D. 这些命令在当前状态下有特殊效果

84. 如果选择的打印页码为 4～10，16，20，则表示打印的是____。

A. 第 4 页，第 10 页，第 16 页，第 20 页

B. 第 4 页至第 10 页，第 16 页至第 20 页

C. 第 4 页至第 10 页，第 16 页，第 20 页

D. 第 4 页，第 10 页，第 16 页至第 20 页

85. Word 中，按____键，插入点会跳到下一个制表位上。

A. Tab　　　　　　B. Home　　　　　C. End　　　　　D. Enter

86. 在 Word 2003 中，以下____是错误的。

A. "剪切"功能将选取的对象从文档中删除，并存放在剪切板中

B. "粘贴"功能将剪切板上的内容粘贴到文档中插入点所在的位置

C. 剪切板是外存中一个临时存放信息的特殊区域

D. 剪切板是内存中一个临时存放信息的特殊区域

87. Word 的窗口中，位于窗口最下行的是____。

A. 标尺　　　　　　B. 状态栏　　　　C. 工具栏　　　　D. 菜单栏

88. 在 Word 2003 中，下列叙述错误的是____。

A. 对于新文档，执行"保存"和"另存为"命令效果一样

B. "保存"和"另存为"命令都能用任意文件名存盘

C. "保存"命令只能用原文件名存盘

D. "另存为"命令可以用任意文件名存盘

89. 选中表格中的一个单元格，然后进行插入操作时____。

A. 只能在该单元格的左边插入一个新的单元格

B. 只能在该单元格的上边插入一个新的单元格

C. 只能在该单元格的上边插入一个新行

D. 可以在该单元格的上边插入一个单元格或一行，也可以在该单元格的左边插入一个单元格或一列

90. 在 Word 2003 中打开文档的作用是____。

A. 将指定的文档从内存中读入，并显示出来

B. 为指定的文档打开一个空白窗口

C. 将指定的文档从外存中读入，并显示出来

D. 显示并打印指定文档的内容

91. 在 Word 2003 的编辑状态，进行字体设置操作后，按新设置的字体显示的文字是____。

A. 插入点所在段落中的文字　　　　B. 文档中被选择的文字

C. 插入点所在行中的文字　　　　　D. 文档的全部文字

92. 在 Word 2003 的编辑状态，设置了一个由多个行和列组成的空表格，将插入点定在某个单元格内，用鼠标单击"表格"命令菜单中的"选定行"命令，再用鼠标单击"表格"命令菜单中的"选定列"命令，则表格中被选择的部分是____。

A. 插入点所在的行　　　　　　　　B. 插入点所在的列

C. 一个单元格　　　　　　　　　　D. 整个表格

93. 在 Word 2003 编辑状态下，若要调整光标所在段落的行距，首先进行的操作是____。

A. 打开"编辑"下拉菜单　　　　　B. 打开"视图"下拉菜单

C. 打开"格式"下拉菜单　　　　　D. 打开"工具"下拉菜单

94. 在 Word 2003 编辑状态下，对于选定的文字____。

A. 可以设置颜色，不可以设置动态效果

B. 可以设置动态效果，不可以设置颜色

C. 既可以设置颜色，也可以设置动态效果

D. 不可以设置颜色，也不可以设置动态效果

95. 在 Word 2003 编辑状态下，若要输入 $A_1X+B_1Y=C_1$ 中的"1"，应选择的操作是____。

A. 单击"插入"→"符号"命令

B. 单击"插入"→"对象"命令

C. 单击"格式"→"更改大小写"命令

D. 单击"格式"→"字体"命令

96. 在 Word 2003 的____视图方式下可以显示分页效果。

A. 普通　　　　　B. 先设置后选　　C. 页面　　　　　D. 主控文档

97. 在 Word 编辑状态，对当前文档中的文字进行替换操作，应当使用的菜单是____。

A. "工具"菜单　　　　　　　　　B. "文件"菜单

C. "视图"菜单　　　　　　　　　D. "编辑"菜单

98. 在 Word 的编辑状态,文档窗口显示出水平标尺,拖动水平标尺上沿的"首行缩进"滑块,则____。

A. 文档中各段落的首行起始位置都重新确定

B. 文档中被选择的各段落首行起始位置都重新确定

C. 文档中各段的起始位置都重新确定

D. 插入点所在行的起始位置被重新确定

99. 在 Word 的编辑状态,当前编辑的文档是 C 盘中的 d1.doc 文档,要将该文档复制到软盘,应当使用____。

A. "文件"菜单中的"另存为"命令

B. "文件"菜单中的"保存"命令

C. "文件"菜单中的"新建"命令

D. "插入"菜单中的命令

100. Word 在正常启动之后会自动打开一个名为____的文档。

A. 1.DOC　　　　B. 1.TXT　　　　C. DOC1.DOC　　D. 文档 1

101. 在 Word 中,保存一个新建的文件后,要想此文件不被他人查看,可以在保存的"选项"中设置____。

A. 修改权限口令　　　　　　　　B. 建议以只读方式打开

C. 打开权限口令　　　　　　　　D. 快速保存

102. Word 2003 可对文档进行分栏排版,关于分栏正确的说法是____。

A. 各栏的宽度必须相同　　　　　B. 各栏之间的间距是固定的

C. 最多可以设 4 栏　　　　　　　D. 各栏之间的间距可以不同

103. Word 2003 编辑状态下,绘制一文本框,应使用的下拉菜单是____。

A. "插入"　　　　B. "表格"　　　　C. "编辑"　　　　D. "工具"

104. 在 Word 2003 编辑状态下,若要在当前窗口中打开(关闭)"绘图"工具栏,则可选择的操作是____。

A. 单击"工具"→"绘图"命令

B. 单击"视图"→"绘图"命令

C. 单击"编辑"→"工具栏"→"绘图"命令

D. 单击"视图"→"工具栏"→"绘图"命令

105. Word 2003 编辑状态下,若要进行字体效果的设置(如上标、下标等),首先应打开____。

A. "编辑"下拉菜单　　　　　　　B. "视图"下拉菜单

C. "格式"下拉菜单　　　　　　　D. "工具"下拉菜单

106. 在 Word 2003 编辑状态下,对于选定的文字不能进行的设置是____。

A. 加下划线　　　B. 加着重号　　　C. 动态效果　　　D. 自动版式

107. 在 Word 2003 编辑状态下，对于选定的文字____。

A. 可以移动，不可以复制
B. 可以复制，不可以移动
C. 可以进行移动或复制
D. 可以同时进行移动和复制

108. 在 Word 2003 编辑状态下，若光标位于表格外右侧的行尾处，按 Enter（回车）键，结果____。

A. 光标移到下一列
B. 光标移到下一行，表格行数不变
C. 插入一行，表格行数改变
D. 在本单元格内换行，表格行数不变

109. 在 Word 2003 中，下述关于分栏操作的说法，正确的是____。

A. 可以将指定的段落分成指定宽度的两栏
B. 任何视图下均可看到分栏效果
C. 设置的各栏宽度和间距与页面宽度无关
D. 栏与栏之间不可以设置分隔线

110. 在 Word 的编辑状态，执行"文件"菜单中的"保存"命令后____。

A. 将所有打开的文档存盘
B. 只能将当前文档存储在原文件夹内
C. 可以将当前文档存储在已有的任意文件夹内
D. 可以先建立一个新文件夹，再将文档存储在该文件夹内

111. 在 Word 的编辑状态，先打开了 d1.doc 文档，又打开了 d2.doc 文档，则____。

A. d1.doc 文档的窗口遮蔽 d2.doc 文档的窗口
B. 打开了 d2.doc 文档的窗口，d1.doc 文档的窗口被关闭
C. 打开的 d2.doc 文档窗口遮蔽了 d1.doc 文档的窗口
D. 两个窗口并列显示

112. 在 Word 2003 的文档中选定文档的某行内容后，使用鼠标拖动方法将其移动时配合的键是____。

A. 按住 Esc 键　　B. 按住 Ctrl 键　　C. 按住 Alt 键　　D. 不作操作

113. 在 Word 2003 的默认状态下，有时会在某些英文文字下方出现红色的波浪线，这表示____。

A. 语法错
B. Word 2003 字典中没有该单词
C. 该文字本身自带下划线
D. 该处有附注

114. 双击"资源管理器"或"我的电脑"窗口中某 Word 名（或图标），将____。

A. 启动 Word 程序，并自动建立一个名为"文档1"的新文档
B. 启动 Word 程序，并打开此文档
C. 在打印机上打印该文档

D. 启动 Word 程序，但不建立新文档也不打开此文档

115. 在 Word 2003 文档中创建项目符号时____。

A. 以段落为单位   B. 以选取中的文本为单位

C. 以节为单位   D. 无所谓，可以任意

116. 要在 Word 文档中创建表格，应使用菜单____。

A. "格式"   B. "表格"   C. "工具"   D. "插入"

117. 单击 Word 主窗口标题栏右边显示的"最小化"按钮后____。

A. Word 窗口被关闭

B. Word 窗口未关闭，是任务栏上一按钮

C. Word 窗口关闭，变成窗口图标关闭按钮

D. 被打开的文档窗口未关闭

118. 在 Word 的编辑状态，建立了 4 行 4 列的表格，除第 4 行与第 4 列相交的单元格以外各单元格内均有数字，当插入点移到该单元格内后进行"公式"操作，则____。

A. 可以计算出列或行中数字的和 B. 仅能计算出第 4 列中数字的和

C. 仅能计算出第 4 行中数字的和 D. 不能计算数字的和并被关闭

119. 在 Word 2003 中，可用于计算表格中某一数值列平均值的函数是____。

A. Average( ) B. Count( ) C. Abs( ) D. Total( )

120. Word 中显示有页号、节号、页数、总页数等的是____。

A. "常用"工具栏   B. 菜单栏

C. "格式"工具栏   D. 状态栏

121. 在编辑文章时，要将第五段移到第二段前，可先选中第五段文字，然后____。

A. 单击"剪切"按钮，再把插入点移到第二段开头，单击"粘贴"按钮

B. 单击"粘贴"按钮，再把插入点移到第二段开头，单击"剪切"按钮

C. 把插入点移到第二段开头，单击"剪切"按钮，再单击"粘贴"按钮

D. 单击"复制"按钮，再把插入点移到第二段开头，单击"粘贴"按钮

122. 在 Word 中进行文本移动操作，下面说法不正确的是____。

A. 文本被移动到新位置后，原位置的文本将不存在

B. 文本移动操作首先要选定文本

C. 可以使用"剪切"、"粘贴"命令完成文本移动操作

D. 用"剪切"、"粘贴"命令进行文本移动时，被"剪切"的内容只能"粘贴"一次

123. 在 Word 中，"编辑"菜单中的"剪切"和"复制"命令呈浅灰色而不能使用时，则表示____。

A. 选定的内容是页眉或页脚   B. 选定的内容太大，剪切板放不下

C. 剪切板中已有信息　　　　　　D. 在文档中没有选定任何信息

124. 在 Word 2003 中，将一部分内容改为四号楷体，然后紧连这部分内容后输入新的文字，则新输入的文字字号和字体分别为____。

A. 四号楷体　　　B. 五号楷体　　　C. 五号宋体　　　D. 不能确定

125. 在 Word 2003 中，存储文件若输入的文件名与当前目录下的文件同名，按 Enter 或 "保存" 按钮后则____。

A. 直接覆盖原文件　　　　　　　B. 提示冲突信息，请求更名

C. 与原来文件合并　　　　　　　D. 放弃当前文件

126. Word 2003 表格中，合并操作____。

A. 对行/列或多个选定的相临单元格均可

B. 只对同行单元格有效

C. 只对同列单元格有效

D. 只对单一单元格有效

习题 3.2　填空题

1. 如果希望在 Word 主窗口中显示 "常用" 工具栏，应当选择_____菜单的 "工具栏" 命令。

2. 将源文件中的信息插入（复制）到目标文件中，称为对象的____。

3. 在对新建的文档进行编辑操作时，若要将文档存盘，应当选用 "文件" 菜单中的_____命令。

4. 在 Word 中输入文本时，按 Enter 键后将产生_____符。

5. 通常 Word 文档文件的扩展名是____。

6. 如果已有一个 Word 文件 A.doc，打开该文件并经过编辑修改后，希望以 B.doc 为名存储修改后的文档而不覆盖 A.doc，则应当从_____菜单中选择 "另存为" 命令。

7. 在 Word 中，如果一个文档的内容超过了窗口的范围，那么在打开这个文档时，窗口的右边（或下边）会出现一个____。

8. 在 Word 中，用户在用 Ctrl+C 组合键将所选内容复制至剪贴板后，可以使用_____组合键将其粘贴到所需要的位置。

9. 在 Word 中，用户可以使用_____组合键选择整个文档的内容，然后对其进行剪贴或复制等操作。

10. 在 Word 中，要查看文档的统计信息（如页数、段落数、字数、字节数等）和一般信息，可以选择 "文件" 菜单中的_____菜单项。

习题 3.3　操作题

1. 请依次解答以下各小题

（1）把全文中 "计算机" 更换成 "电脑"。

（2）加上标题："计算机技术"，三号宋体，居中。

（3）正文每个自然段首行缩进两个汉字位置，并以四号仿宋显示。

（4）把第二自然段移到第一自然段前。

计算机科学的发展是 20 世纪人类最值得骄傲的成就之一，是人类智慧的长期结晶，是许多领域的科学家、工程师共同协作、不懈努力的产物。

计算机技术处理信息的能力和应用范围的极大扩展，已经使它遍及人类社会活动的各个方面，渗透到现实生活的各个角落。

2. 请依次解答以下各小题

（1）将标题"打印管理器"设为倾斜，加粗，居中，三号宋体。

（2）设置上边距为 3 cm，下边距为 3 cm。

（3）为最后一段中"打印队列有两种类型"文字设置波浪下划线。

（4）将全文内容分两栏排版。

打印管理器

打印管理器是 Windows 操作系统的一个重要组成部分，它只管理打印工作，而对打印机的控制是通过选择控制面板中的"打印机"图标来实现的。

使用 Windows 打印管理器可以安装和配置打印机，连接网络打印机，检查打印作业的状态，并且控制文件的打印。当管理器活动时，要从一个 Windows 应用程序中打印，该应用程序生成一个文件，并且把它送到打印管理器。在把文件发送给打印机的同时，用户可以照常工作。当发送文件到管理器时，会形成一个打印队列。打印队列列出已经收到打印文件的打印机并显示文件的状态。

打印队列有两种类型：本地队列显示从某个 Windows 应用程序传送到连在计算机上的本地打印机的所有文件。当打印管理器开始用本地打印机时，其图标出现在屏幕的底部。

3. 请依次解答以下各小题

（1）将文中第一行设置为标题，黑体，阴影，二号，分散对齐。

（2）除第一行标题之外，将文中的"软件"全部替换为 SoftWARE（注意英文字母大小写）。

（3）将正文的第一段左右各缩进两个字符，四号仿宋，字体颜色为红色，首字下沉 3 行；其余各段首行缩进两个字符，五号宋体，1.75 倍行距。

（4）在页眉居中插入标题"计算机基础"，在页面底端居中插入页码。

软件生产能力成熟度模型

什么是 CMM？CMM（软件生产能力成熟度模型）为软件企业的过程能力提供了一个阶梯式的进化框架，它是基于过去所有软件工程成果的过程改善的框架，吸取了以往软件工程的经验教训。是目前国际上最流行也是最实用的软件生产过程标准，理解 CMM 需要注意以下几点：

它仅指明该做什么，而没有指明如何做，它不是方法论，但我们在学习 CMM 时，可以从中学到分析问题的方法。

它仅指明该做的关键内容，仅描述软件过程的本质属性，而并非面面俱到。抓问题的主要方面的思想贯穿在整个 CMM 模型中。

软件过程是指软件工程过程、软件管理过程和软件组织过程三者的有机结合。上述两个过程是以软件工程组为主的活动。软件组织的过程是企业级的、对软件的组织活动，是以企业为主的活动。

它是从软件过程的角度考虑问题，而并非关注软件开发工具，这与框架软件生存周期无关，也与所采用的开发技术无关。

CMM 为改善整个企业的软件过程提供了指南，而并非针对某个具体项目。CMM 并不能保证在这个过程框架下产品开发百分之百地成功。产品的成功是多种因素的组合，例如市场等因素。

4. 请依次解答以下各小题

（1）将全文中的"计算机"改为 COMPUTER（注意大小写）。

（2）将第一段段落的首行缩进设置为 4 cm。

（3）将书名《超人》改为四号黑体字。

（4）给标题"生物计算机"加脚注，内容为"新一代计算机"。

生物计算机

从外表上看这是一个像袖珍计算机的普通小盒子。它有一个非常薄的玻璃外壳，里面装着肉眼看不见的多层蛋白质，蛋白质间由复杂的晶格联结，很像电影《超人》中的北极圈避难所。这种精巧的蛋白质晶格里是一些生物分子，这就是生物计算机的集成电路。

生物计算机中的生物分子，在电流的作用下同样可以产生"开"和"关"两种状态，并能储存、输出"0"和"1"这样的二进制信息。因此，可以像电子计算机一样进行运算和信息处理。

组成生物计算机的蛋白质分子，直径只有头发丝的 1/5 000。体积仅手指头粗细的一只生物计算机，其储存信息的容量可以比现在的普通电子计算机大 1 000 万倍。而且由于生物分子非常微小，彼此之间的距离又非常近，所以传递信息和计算速度非常快。如果将这种计算机和人脑比较，人脑进行思维是靠神经冲动传递的，与声音在空气中传递的速度（330 m/s）相当；而在生物计算机中，分子的电子运动速度与光速相接近，高达每秒约 30 万 km。因此，生物计算机的速度比人脑思维的速度快近 100 万倍。

生物计算机这样微小的体积和惊人的运算速度可以用来制造真人大小的机器人，使机器人具有像人脑一样的智能。生物计算机能够与健康人的大脑连在一起，甚至植入人的大脑，代替大脑有病的人进行思维、推理、记忆。它可以装备机器人，使机器人更小巧，用来招待高度危险的任务；可以植入人体，使截瘫病人站立走路，给盲人重建光明，国外有一个名叫罗斯纳的"共生人"，他有两个身体，但只有一个大脑。两个身躯接受同一个大脑的指令。如果给他植入一台生物计算机的话，那么这个机器脑就能控制其中一个躯体的一切活动，再通过外科手术就能得到完整的两个人。

5. 请依次解答以下各小题

（1）标题居中，三号黑体，阴影和空心。

（2）小标题设为四号楷体。

（3）设置纸张为 B5（182 mm×257 mm），上边距和下边距为 2.4 cm，左边距和右边距为 2.1 cm。

（4）正文首行缩进 0.75 cm，汉字用五号宋体，1.5 倍行距。

超文本与超媒体

超文本的基本概念：

要想了解 WWW，首先要了解超文本（Hypertext）与超媒体（Hypermedia）的基本概念，因为它们正是 WWW 的信息组织形式。长期以来，人们一直在研究如何组织信息，其中最常见的方式就是人们所读的各种书籍。书籍采用一种有序的方式来组织信息。读者一般是从书的第一页到最后一页顺序地学习他所需要了解的知识。随着计算机技术的发展，人们不断推出新的信息组织方式，以方便人们对各种信息的访问。人们常说的计算机用户界面设计，实际上也是在解决信息的组织方式问题。菜单是早期人们常见的一种软件用户界面。在 Gopher 系统中，信息和用户之间的界面就是菜单。用户在看到最终信息之前，总是浏览于菜单之间，当用户选择了代表信息的菜单项后，菜单消失，取而代之的是信息内容，用户看完内容后，重新回到菜单之中。超文本方式对普遍的菜单方式作了重大的改进，它将菜单集成于文本信息之中，因此它可以被看做是一种集成化的菜单系统。用户直接看到的是文本信息本身，在浏览文本信息的同时，随时可以选中其中的"热链"。热链往往是上下文关联的单词，通过选择热链可以跳转到其他的文本信息。超文本正是在文本中包含了与其他文本的链接，这就形成了它的最大特点：无序性。熟悉 Windows 操作系统的用户应该能很容易地接受超文本概念，因为它的帮助系统就是一个超文本的典型范例。

6. 请依次解答以下各小题

（1）将标题"高校新生电脑'禁装令'该还是不该？"设置为"标题 3"样式、居中。

（2）将第 1 段正文设置为小四号、加粗，字符间距加宽 10 磅。

（3）将文中图片的宽度设置成 8 cm，环绕方式为紧密型。

（4）将第 3 段正文分成两栏。

高校新生电脑"禁装令"该还是不该？

新华网江西频道 10 月 18 日专稿 近几年，一些高校纷纷颁布规定，禁止新生入学安装电脑，其目的是防止学生网络成瘾。高校这一做法引起了社会强烈关注。一些社会学家对此表示担忧，认为高校的这种方式并不能达到其目的和效果，反而会适得其反。高校新生电脑"禁装令"到底该还是不该？

——我可不是电脑迷！

据媒体报道，个别高校在 2000 年就规定，包括计算机专业在内的所有新生都不允许购买电脑。该校新生寝室的网络端口被用技术手段封住了，除非学校批准，新生不得联网。一些高校管理者对此的解释是：新生处于从高中到大学的转型阶段，自制力比较薄弱，在这个阶段进行必要的约束，有助于促使他们把主要精力放在学习上，养成良好的学习习惯。防止学生网络成瘾，难道就非得用这种极端的做法吗？笔者提出几点质疑。

首先，对新生安装电脑采取堵截措施，效果并不如意。据笔者观察，一般高校周围会经营很多网吧，而经常光顾者大部分是大一的新生。"上有政策，下有对策"。学校的做法是间接地把学生赶到外面去上网。部分学生在网吧经常通宵上网，其学业、身体受影响的同时，人身安全的危险系数也大大增加。

其次，学校禁止高校新生安装电脑，不利于学生广泛而快捷地了解外界信息。群众获取外界消息最普遍的媒介无外乎 3 个：电脑、电视、报纸。据个人了解，大部分高校还不能做到为每个寝室配备电视机或订阅报纸。学生没有电脑，没有其他媒介接触了解社会，在信息化高速发展的今天很可能会与社会脱节。

赞成采取堵截来解决大一新生网络成瘾的部分人士说，目前国内著名高校大多采取了类似的举措来防治大学生沉迷网络，有的高校甚至限制本科期间在宿舍上网。他们认为，如果确因学习等方面需要使用电脑，学生可以到学校的电脑机房。但根据笔者在部分高校的调查显示，学校机位远远无法满足学生的使用需求。

笔者认为，部分高校在出台某一项政策或措施时要进行科学论证，不能"头脑发热"，不论是否得当，追随效仿他人做法。要根据学校的具体情况和管理实际来出台适宜本学校的最佳措施，因地制宜管理好学生。

7. 请依次解答以下各小题

（1）加上标题"变量概念"，居中，小二号黑体。

（2）正文以四号宋体排列显示。

（3）把 X 后的 23 变成 X 的下标。

（4）在每个自然段落开始位置前加上项目符号"◆"。

运算过程中其值可变的量称为变量。

使用变量之前必须先对它进行命名，变量名是一个以字母开头，后跟字母、数字及下划线组成的字符串，其长度不能超过 10 个字符。系统允许用汉字作为变量中的字母组成元素，一个汉字相当于两个字符。

FoxPro 变量一般分为两类：字段变量和内存变量。例如，姓名和年龄是 RSGL.DBF 中的两个字段名变量，$X23$ 和 $Y41$ 是某一 .PRG 程序中的两个内存变量。

8. 请依次解答以下各小题

（1）设置页面为 16K 纸张，左边距为 2.5 cm，右边距为 2 cm，上、下边距为 2.5 cm。

（2）标题居中，设置为二号黑体空心字，蓝色，并加 20% 的底纹图案式样。

（3）正文首行缩进 0.75 cm，字体为仿宋体，字号为小四号。

（4）将全文分成两栏。

隔裂的网络

最早时网络的属性主要是技术方面的，这使得它的参与者在很大程度上表现出了一种平民意识（比如至今新浪的 IT 业界论坛和电子商务论坛还有一些 CXO 愿意参与其中），但网络一旦商业化之后，让很多人一下子处在了社会关注的中心位置，随着出入高级场所机会的增多，自然很容易产生"光荣与梦想"近在咫尺的感觉，这会影响到一些人对自己的把握，面向商业化热浪不免也会有些无奈或失落。

9. 请依次解答以下各小题

（1）设置页面为 16K 纸张，页眉为"网上求职"，页脚为"第 X 页，共 X 页"。

（2）将全文设置成字间距 0.7 磅，行间距为 1.5 倍行距。

（3）将全文中的"网"字替换成 NET。

（4）标题居中，设置为三号字，倾斜，加框，正文首字下沉两行（下沉式）。

未来求职

随着互联网的快速发展，网上找工作越来越受到人们的欢迎。与传统的方式——通过职业介绍所、招聘会、熟人介绍以及媒体刊登的广告等途径相比较，网上找工作具有很多显著的优点，如信息传递快、更新快、时效性强、针对性强以及费用低等方面。CNNIC 在 2000 年 7 月进行的调查显示：用户在网上获取的最主要信息方面，求职招聘信息占有 26.11% 的比例；网上信息不能满足用户需要方面，求职招聘信息占有 19.62% 的比例。

10. 请依次解答以下各小题

（1）标题采用三号仿宋体，字体颜色为红色且居中排列。

（2）纸张采用自定义，高 25 cm、宽 20 cm。

（3）正文行间距为 1.5 倍行距。

（4）将表的第二、第三行删除并将其插入表的最后。

数组的概念

什么是数组，先让我们来看一个简单的例子。某班有 100 个学生，他们的数学成绩用 A_1，A_2，A_3，…，A_{100} 表示。Quick BASIC 系统可以将这 100 个数学成绩存储在内存单元中，如下图所示。这 100 个数据有相同的属性，它们集合在一起，有序地储存在一片连续的存储单元中，这种数据结构称为数组。

A_1	A_2	A_3	…	A_{100}
90	78	80	…	98

序　号	姓　名	语　文	数　学	英　语
1	刘　英	80	95	78
2	何　芳	90	86	92
3	李　梅	98	78	88
4	查文林	90	85	90

11. 请依次解答以下各小题

（1）标题设为：三号加粗，倾斜，宋体，居中；正文为四号宋体，正文首行缩进两个字符。

（2）将文中"函数"一词全部替换成 function，要求替换后的 function 呈红色显示。

（3）设置页面为 16K（184 mm×260 mm）纸张，上下边距和左右边距均为 2 cm。

（4）将正文（不含标题）分成两栏。

C 语言简介

C 语言是一种由函数组成的语言，程序由若干函数组成，函数之间存在相互调用的关系，从主函数开始执行后，可相继调用不同的函数，函数本身还可以递归地调用，即自己调用自己，以方便地执行回溯等算法。函数由函数头和函数体组成，函数头定义了函数的接口，而函数体定义了函数的实现。

12. 请依次解答以下各小题

（1）将文中第一行设置为标题：居中，二号黑体，字间距为 0.5 磅，段前、段后间距各 12 磅（或 1 行）。

（2）将文章中的 CMM 全部替换为 SW-CMM（注意大小写）。

（3）正文（除标题以外）第一段左右各缩进 0.75 cm（2 个字符），五号仿宋，首字下沉 4 行；正文其余各段首行缩进 0.75 cm，五号宋体，1.25 倍行距。

（4）在页眉居中插入标题"软件生产能力成熟度模型"，在页面底端居右插入页码。

软件生产能力成熟度模型

什么是 CMM？CMM（软件生产能力成熟度模型）为软件企业的过程能力提供了一个阶梯式的进化框架，它是基于过去所有软件工程成果的过程改善的框架，吸取了以往软件工程的经验教训。是目前国际上最流行也是最实用的软件生产过程标准，理解 CMM 需要注意以下几点：

① 他仅指明该做什么，而没有指明如何做，它不是方法论，但我们在学习 CMM 时可以从中学到分析问题的方法。

② 它仅指明该做的关键内容，描述软件过程的本质属性，而并非面面俱到。抓问题的主要方面的思想贯穿在整个 CMM 模型中。

③ 软件过程是指软件工程过程、软件管理过程和软件组织过程三者的有机结合。上述两个过程是以软件工程组为主的活动。软件组织的过程是企业级的、对软件的组织活动，是以企业为主的活动。

④ 它是从软件过程的角度考虑问题，而并非关注软件开发工具。这与框架软件生存周期无关，也与所采用的开发技术无关。

⑤ CMM 为改善整个企业的软件过程提供了指南，而并非针对某个具体项目。CMM 并不能保证在这个过程框架下，产品开发百分之百地成功。产品的成功是多种因素的组合，例如市场等因素。

13. 请依次解答以下各小题

（1）在文章第一行加上"艺术字"格式的标题，内容为"计算机网络基础"，艺术字的类型、字体等格式自定。

（2）将第一段首行缩进两个字符。

（3）将"本章主要内容："一行的字体设置为黑体，加粗。

（4）将"本章主要内容："（不包括该行）之后的所有行加上项目符号"◆"。

人类社会信息化进程的加快，信息种类和信息量的急剧增加，要求更有效地、正确地和大量地传输信息，促使人们将简单的通信形式发展成网络形式。计算机网络的建立和使用是计算机与通信技术发展结合的产物，它是信息高速公路的重要组成部分。计算机网络使人们不受时间和地域的限制，实现资源的共享。计算机网络是一门涉及多种学科和技术领域的综合性技术。

本章主要内容：

计算机网络的概念、分类、功能、协议

拓扑结构和网络体系结构

局域网的软、硬件组成

Internet 的接入方法

IP 地址和子网、域名系统

Internet 的信息服务和应用

企业内部网 Intranet

网站规划与设计

14. 请依次解答以下各小题

（1）将文中第一行设置为标题，黑体，二号，倾斜，下划线（单线条），居中。

（2）除第一行标题之外，将正文各段文字首行缩进两个字符，四号仿宋，1.25倍行距。

（3）为第二个自然段（除标题外）设置边框（注意是段落边框，不是字符边框），段落边框设置为方框。

（4）在页面底端居中插入页码，页码格式为：Ⅰ，Ⅱ，Ⅲ。

软件生产能力成熟度模型

什么是 CMM？CMM（软件生产能力成熟度模型）为软件企业的过程能力提供了一个阶梯式的进化框架，它是基于过去所有软件工程成果的过程改善的框架，吸取了以往软件工程的经验教训。是目前国际上最流行也是最实用的软件生产过程标准，理解 CMM 需要注意以下几点：

它仅指明该做什么，而没有指明如何做，它不是方法论，但我们在学习 CMM时，可以从中学到分析问题的方法。

它仅指明该做的关键内容，仅描述软件过程的本质属性，而并非面面俱到。抓问题的主要方面的思想贯穿在整个 CMM 模型中。

软件过程是指软件工程过程、软件管理过程和软件组织过程三者的有机结合。上述两个过程是以软件工程组为主的活动。软件组织的过程是企业级的、对软件的组织活动，是以企业为主的活动。

它是从软件过程的角度考虑问题，而并非关注软件开发工具。这与框架软件生存周期无关，也与所采用的开发技术无关。

CMM 为改善整个企业的软件过程提供了指南，而并非针对某个具体项目。CMM 并不能保证在这个过程框架下，产品开发百分之百地成功。产品的成功是多种因素的组合，例如市场等因素。

15. 请依次解答以下各小题

（1）将第一行设为：居中对齐，字体仿宋并加粗，字号二号，颜色红色。

（2）将第三行设为：四号，加粗，蓝色；将该行文字加一边框，边框线型为1.5 磅粗，红色。

（3）将第二、第四行均设为：字体楷体，字号三号，字间距为 1.5 磅。

（4）将余下各段均设为：字体隶书，字号三号，1.75 倍行间距。

文本输出语句

命令格式：TEXT

欲显示的文本

ENDTEXT

命令功能：该命令的作用是将欲显示的文本内容照原样输出。

说明：除了文字直接书写外，变量、函数、数组及表达式均要用<>符号括起来。

16. 请依次解答以下各小题

（1）将标题"企业资源计划"设置为：小三号宋体，加粗，居中，段前和段后各 1 行。

（2）将正文各段设置为：中文小四号楷体_GB 2312，单倍行距，首行缩进两个字符。

（3）将页面设置为：页边距上、下、左、右各 2 cm，纸型 16K（18.4 cm×26 cm）。

（4）将正文各段首字 E 设置为：下沉，字体不变，下沉行数 2，距正文 0 cm。

企业资源计划

企业资源计划（Enterprise Resource Planning，ERP），中文翻译为"企业资源计划"。企业资源计划一词是由 Gartner Group.Inc.咨询顾问与研究机构于 20 世纪 90 年代初提出来的。GGI 提出了 ERP 概念及其内涵、面向供需链的管理。ERP 界定内容超越了 MRP II，信息集成范围更为广阔，并且支持动态监控，支持多行业、多地区、多模式或混合式。

ERP 具有强大的系统功能、灵活的应用环境和实时控制能力，是制造业未来信息时代的一种管理信息系统。ERP 是目前企业管理信息系统中十分流行的一种形式，大多数的 ERP 系统在全面解决企业在供销存、财务、计划、质量、制造等核心业务问题方面均能起到良好的作用并产出效益。

ERP 的意义在于以经营资源最佳化为出发点，整合企业整体的业务管理，并最大限度地提高企业经营的效率。ERP 的概念也有一个发展的过程，企业最早关注物料、库存（MRP），后延伸到生产计划和制造（MRP II），随着管理外延和产品功能的不断发展，一个比较完整的制造业 ERP 系统应该包含了 MRP 和 MRP II，不过今天的 ERP 的概念外延已更加广泛，几乎是企业信息化的代名词。

17. 请依次解答以下各小题

（1）将短文加上标题"计算机技能是当今世界的'第二文化'"，标题居中，三号黑体，红色，加粗。

（2）正文行间距为 1.2 倍行距，四号宋体。

（3）将正文中每一个句子的前面分别加上①②③④标号。

（4）版面设置为 B5 纸型，上下边距为 2 cm，左右边距为 2 cm。

计算机与计算机科学正以无比的优越性和强劲的势头迅猛地进入人类社会的各个领域，急剧地改变着人们的生产方式和生活方式，而信息化社会必然对人员的素质及其知识结构提出新的要求。各行各业的人员不论年龄、专业和知识背景如何，都应掌握和应用计算机，以便提高工作效率和管理水平。既掌握一定的专业技术，又具备计算机应用能力的人员越来越受到用人单位的重视和欢迎。21 世纪是信息时代，计算机技能是当今世界的"第二文化"。

18. 请依次解答以下各小题

（1）将短文标题"PLD 器件的设计步骤"设置为：三号楷体_GB 2312，加粗，居中，段前 0.5 行，段后 1 行。

（2）将两小标题设置为：四号黑体，编号由"1."和"2."改为"一."和"二."（注意：要用编号功能来设置）。

（3）将两小标题下的段落均设置为：中文小四号宋体，单倍行距，首行缩进两个字符。

（4）将全文页面设置为 B5 纸型，上下边距 2 cm，左右边距 2.4 cm。

PLD 器件的设计步骤

1）电路逻辑功能描述

PLD 器件的逻辑功能描述一般分为原理图描述和硬件描述语言描述，原理图描述是一种直观简便的方法，它可以将现有的小规模集成电路实现的功能直接用 PLD 器件来实现，而不必去将现有的电路用语言来描述，但电路图描述方法无法做到简练；硬件描述语言描述是可编程器件设计的另一种描述方法，语言描述可精确和简练地表示电路的逻辑功能，现在在 PLD 的设计过程中广泛使用，并且有更加广的趋势，常用的硬件描述语言有 ABEL，VHDL 等，其中 ABEL 是一种简单的硬件描述语言，其支持布尔方程、真值表、状态机等逻辑描述，适用于计数器、译码器、运算电路、比较器等逻辑功能的描述；VHDL 语言是一种行为描述语言，其编程结构类似于计算机中的 C 语言，在描述复杂逻辑设计时，非常简洁，具有很强的逻辑描述和仿真能力，是未来硬件设计语言的主流。

2）计算机软件的编程及模拟

不管是用硬件描述语言描述的逻辑还是用原理图描述的逻辑，必须通过计算机软件对其进行编译，将其描述转换为经过化简的布尔代数表达式（即通常的最简与或表达式），编译软件再根据器件的特点将表达式适配进具体的器件，最终形成 PLD 器件的熔断丝文件（通常叫做 JEDEC 文件，简称为 JED 文件）。

19. 请依次解答以下各小题

（1）标题居中并设置为小二号黑体、蓝色、阴影字。

（2）将短文中的"通信"两字设置为红色字体、加粗、倾斜。

（3）将正文第二段分为等宽的 3 栏，栏间距为两个字符。

（4）在页面底端（页脚）居中位置插入页码，起始页码为 4，数字格式为"一、二、三"。

60 亿人同时打电话

15 世纪末哥伦布发现南美洲新大陆，由于通信技术落后，西班牙女王在半年后才得到消息。1865 年美国总统林肯遭暗杀，英国女王在 13 天后才得知消息。而 1969 年美国阿波罗登月舱第一次把人送上月球的消息，只用了 1.3 s 就传遍了全世界。

无线电短波通信的频率范围为 3～30 MHz，微波通信的频率范围为 1 000～10 000 MHz，后者的频率比前者提高了几倍，可以容纳上千门电话和多路电视。而激光的频率范围为 $1×10^7$～$100×10^7$ MHz，比微波提高了 1 万～10 万倍。假定每路电话频带为 4 000 Hz，则大约可容纳 100 亿路电话。

20. 请依次解答以下各小题

（1）给上述段落加上标题"实施三模块结构的培养模式"，要求居中、带下划线（单线条），字体为四号宋体、加粗、红色。

（2）设置页面：页边距为上 2.1 cm、下 2.1 cm、左 1.8 cm、右 1.8 cm，其他设置不变，纸型为 16K。

（3）将文中 4 个段落的行间距均设置为 1.5 倍行间距。

（4）将文中表格各行（包括第一行）行高均设为 1.2 cm，在列"操作系统"的左边再插入一列"数字逻辑"，格式与其他列相同，分数值任意输入。

多年来，我们大学培养的软件人才缺乏软件工程意识，缺乏软件商品意识，过分强调学术，导致这类人才不能在软件产品开发中发挥更大的作用。另外，在我国软件开发中，编程和应用人员过多地使用本科以上的技术人员导致了人才结构不合理、队伍不稳定的现象。

软件职业技术学院是以培养软件蓝领为目标的学校，根据实际，我们可以采用"软件技术基础+软件职业方向+人文科技素质"三模块结构的培养模式。

软件技术基础是全院必修的课程，不论学生毕业后从事哪个方向的与软件相关的职业，都必须牢牢地掌握软件基本知识和技术。

软件职业方向要学习的技术主要跟专业今后的职业定向有关，同时要嵌入相应的职业认证考试，把正常的技术教育与职业认证考试有机地结合起来。为了做好这项工作，要建立校内外职业培训基地，适时地对学生进行职业培训。

姓名 ＼ 考试科目	数据库	操作系统	C 语言
王芳	80	90	78
刘振宇	75	88	60
李英	95	66	86
张三	50	60	68

21. 请依次解答以下各小题

（1）将标题"开展保持共产党员先进性教育"设为四号字、居中格式，并加一单线条边框。

（2）将标题下的第一自然段设为五号黑体，并加上单下划线。

（3）将标题下的第二自然段分为两栏，中间加分隔线。

（4）将标题下的第三自然段设为五号楷体，并加上20%的底纹图案式样。

开展保持共产党员先进性教育

开展保持共产党员先进性教育活动就是要使全体共产党员认真学习，全面掌握，坚持实践"三个代表"重要思想，不断提高自身素质，始终保持先进性，成为新时期的合格党员。

开展保持共产党员先进性教育活动，有利于广大党员干部更加自觉地用"三个代表"重要思想武装好自己的头脑。"三个代表"的重要思想是我们党的立党之本，执政之基，力量之源。"三个代表"重要思想是马克思主义与中国社会主义革命和社会主义建设具体实践第三次结合理论的创新，是"时代精神"的精华。表现了我们党在指导思想上的与时俱进。党在指导思想上实现了与时俱进，不等于每个党员思想上也实现了与时俱进，开展保持共产党员先进性教育活动，就是要使每个党员都能实现自身思想建设的与时俱进。学习好"三个代表"的重要思想，目的是为了实践好"三个代表"的重要思想。开展保持党员先进性教育活动，主要内容就是实践"三个代表"的重要思想，根本目的就是为了要把全体党员锻炼成"三个代表"的坚定实践者。

实践"三个代表"是检验每个党员是否与时俱进，自觉保持共产党员先进性的试金石。开展保持共产党员先进性教育是实践"三个代表"的重要途径，根本目的就是要使每个党员锻炼成"三个代表"的坚定实践者，在学习中联系实际，认清"三个代表"重要思想所揭示的新时期党员先进性的内涵，努力使自己的素质与先进性相适应，行动与先进性相合拍，真正把先进性的要求体现在行动上，落实到工作中。

22. 请依次解答以下各小题

（1）将标题文字设置为三号仿宋、红色、居中、加蓝色边框，段后间距 0.5行。

（2）将正文（标题除外）各段落格式定义为左、右边距各缩进 1.3 cm，首行缩进 0.75 cm，行距为 1.2 倍行距。

（3）将全文中的"用户"改为"使用者"，格式为隶书、红色。

（4）将第二自然段（标题除外）复制到最后，字体设置为仿宋、五号、倾斜。

远程批处理系统

远程批处理系统是配置联机系统和计算机网络的一种操作系统，能接收从远程系统传送来的批量作业，对它进行处理后，再将结果传送到指定的系统。

批处理系统作为一种主要的操作系统，其主要优点是：系统吞吐量大，即在单位时间内所完成的总工作量大；资源利用率高。

但是它也不可避免地存在着一些缺点：平均周转时间长；作业在运行期间，用户不能与它进行交互作用。

分时是指若干个并发程序对计算机的资源进行时间上的分享，即把一大段的时间分成若干个小段，每个小时间段又称为一个时间片，**CPU** 将工作时间分别分配给多个用户使用，每个用户轮流使用这些时间片。

23. 请依次解答以下各小题

（1）将标题"美航空航天局研制无线传感器网络"设置为三号字、居中、加粗、加框（单线条方框）。

（2）将文中的"传感器网络"（包括标题）全部更改为 SN。

（3）将文中图片的高度设置成 12 cm，图片衬于文字下方、水平居中、水印。

（4）为第一段文字加下划线（单线条），并将该段内容分两栏排版。

美航空航天局研制无线传感器网络

"火星上的传感器网络可以监测任何可能的生命"，Delin 说："在南极洲，微生物可以迅速繁殖然后转入冬眠，这样一个传感器网络就可以用来跟踪它们的活动"。但是，**NASA** 相信通过对监控区域的活动作出反应，传感器网络技术也可以极大地帮助美国政府增强国土安全。

NASA/JPL（喷气推进实验室）传感器网计划始于 1997 年，当时 Delin 认为可以利用通信和 **IT** 市场开发的现成技术来创造一个无线网络，智能芯片嵌入在这个网络中。从此以后，Delin 的团队就有机会在一系列现实环境条件下测试技术，包括位于加利福尼亚州圣马力诺市的亨廷顿植物园和位于亚利桑那州图森市的一个水补给池。

传感器网络的实施不仅给 **NASA** 带来好处，也给提供测试条件的主人带来利益。例如，亨廷顿植物园——在那里传感器网测量光照等级、空气温度和湿度以及某些情况下的土壤温度和水分——植物园员工发现，两棵相同的植物需要浇不同的水，因为每棵植物周围的土壤条件不同。

在图森市西部的一个水补给池中，Delin 团队在一个传感器网中部署了 16 个传感器群来测量水池表面水流的运动，也监视水渗入水底的运动。每个群中的传感器测量周围的空气温度、相对湿度和光照等级。另外，补给池内的传感器群还配备有一个土壤温度传感器（在表层）和两个土壤湿敏传感器，一个刚好位于水平面以下，另一个位于半米的深处（1.5 英尺）。这些土壤传感器通过长导线与传感器群相连，这样这些群就可以在水面以上并无线通信。

图：在亚利桑那州图森市西部的一个水补给池，NASA 传感器网团队成员 Dave Johnson 和 Kevin Delin 正在准备一个传感器群的地面部署。

24. 请依次解答以下各小题

（1）设置纸张为 A4，上下边距为 2 cm，左右边距为 2.2 cm。

（2）将标题"关于印发……"（此标题有两行）的格式设置为黑体，加粗，字号为 18，红色，居中。

（3）将"一、主要职责"、"二、内设机构"、"三、人员编制和领导职数"等 3 个子标题的格式设置为字体加粗，间距：段前 0.5 行，段后 0.5 行。

（4）将正文从"负责我市在北京的重大政务……"到"承办市委、市政府交办的其他事项"的各段文字分别设置"1）、2）、3）……"的编号（需用自动编号功能）。

景德镇市人民政府办公文件

景府办发［2002］39 号

关于印发景德镇市人民政府驻北京联络处职能配置内设机构和
人员编制规定的通知

根据中共江西省委、江西省人民政府批准的《景德镇市党政机构改革方案》（赣字［2002］38 号）和《中共景德镇市委、景德镇市人民政府关于印发〈景德镇市党政机构改革实施方案〉的通知》（景党发［2002］24 号）精神，保留景德镇市人民政府驻北京联络处，为市人民政府的派出机构（正县级）。

1）主要职责

负责我市在北京的重大政务、经济、科技活动的联络、协调、服务等工作；为我市参加中央和全国重要会议做好后勤服务工作；负责与中央、国务院各部委及北京市有关部门的联系。

为我市引进资金、技术、人才和先进管理经验，为发展与北京市的经济贸易、文化交流、旅游合作和北京市、区政府间的公共关系牵线搭桥并提供服务；开展多层次、多形式、全方位、宽领域的合作和交流。

负责与首都各界人士的联系，尤其是与景德镇籍和曾在景德镇工作过的老领导、老同志和中国科学院、北京名牌大学的有关院士、专家、学者的联系，争取他们对景德镇建设和发展的支持帮助。

协助我市有关部门和北京市有关部门做好景德镇市赴京上访人员的接待、遣返工作。

负责我市领导及离退休老同志来京的接待服务，为市直单位和其他部门赴京进行公务活动的人员提供方便。

承办市委、市政府交办的其他事项。

2）内设机构

根据上述职责，市人民政府驻北京联络处设一个职能科室。

3）人员编制和领导职数

市人民政府驻北京联络处事业编制 4 名。

领导职数：主任 1 名，副主任 1 名；正科职数 1 名。

25. 请依次解答以下各小题

（1）将标题"网格计算的关键技术"设置为四号居中、加粗、倾斜。

（2）将文中的词"网格"（包括标题）全部更改为 grid。

（3）将文中图片的高度设置成 2.5 cm，图片呈四周环绕，放于文中任何位置。

（4）将第一段文字的内容分两栏排版。

网格计算的关键技术

（1）网格结点：网格结点就是网格计算资源的提供者，它包括高端服务器、集群系统、MPP 系统大型存储设备、数据库等。这些资源在地理位置上是分布的，系统具有异构特性。

（2）宽带网络系统：宽带网络系统是在网格计算环境中提供高性能通信的必要手段。通信能力的好坏对网格计算提供的性能影响甚大，要做到计算能力"即连即用"必须要高质量的宽带网络系统支持。用户要获得延迟小、可靠的通信服务也离不开高速的网络。

（3）资源管理和任务调度工具：计算资源管理工具要解决资源的描述、组织和管理等关键问题。任务调度工具其作用是根据当前系统的负载情况，对系统内的任务进行动态调度，提高系统的运行效率。它们属于网格计算的中间件。

（4）监测工具：高性能计算系统的峰值速度可达百万亿次/s。但是实际的运算速度往往与峰值速度有很大的差距，其主要原因在于高性能并行计算机的并行程序与传统的串行程序有很大差异。而高性能计算应用领域的专家并不擅长编程技术，很难充分利用各种计算资源。如何帮助使用人员充分利用网格计算中的资源，这就要靠性能分析和监测工具。这对监视系统资源和运行情况十分重要。

（5）应用层的可视化工具：网格计算的主要领域是科学计算，它往往伴随着海量的数据，面对浩如烟海的数据想通过人工分析得出正确的判断十分困难。如果把计算结果转换成直观的图形信息，就能帮助研究人员摆脱理解数据的困难，

这就要研究能在网格计算中传输和读取的可视化工具，并提供友好的用户界面。

26. 请依次解答以下各小题

（1）将标题"CNNIC 博客调查"设为二号宋体，红色，加粗，居中。

（2）将正文的三段文字设置为首行缩进两个字符，行间距为 2 倍。

（3）在页面底端（页脚）居中位置插入页码，并设置起始页码为"2"。

（4）将正文内容（标题除外）分三栏排版。

CNNIC 博客调查

2006 年年底，我国活跃博客的数量有望突破 1 000 万，在博客规模增长的背后，博客广告也寄予了厚望。然而，叫好不叫座的博客广告，其发展的瓶颈何在？中国互联网络信息中心（CNNIC）公布的最新博客调查报告显示，博客地址访问不便、缺乏可靠的价值评估等因素制约了博客广告的发展。

毫无疑问，2006 年是中国互联网的"博客年"，据中国互联网络信息中心（CNNIC）《2006 年中国博客调查报告》的统计，中国博客规模已达到 1 750 万，其中活跃博客接近 770 万。拥有如此庞大的活跃人群，博客的商业价值没有理由不受关注，而作为一个重要的实现途径，博客广告也是炙手可热的。然而，博客广告究竟价值几何？博客广告有哪些制约因素？这些都是广告主、博客用户乃至博客服务提供商（BSP）不容回避的问题。

据 CNNIC《2006 年中国博客调查报告》数据，中国网民中，超过 60% 的人浏览过博客，博客读者数量高达 7 556.5 万人，其中 5 470.9 万的活跃读者会经常阅读博客。而据报告对人群特征的分析，无论是博客作者还是读者，较之一般的网民而言拥有更高的学历和收入。营销专家由此断言，博客广告已成为广告主理想的媒介之一。

27. 请依次解答以下各小题

（1）将标题"系统建设目标"设置为二号宋体，居中。

（2）将正文设置为三号隶书，首行缩进两个字符。

（3）将正文设置为 2.5 倍行距，对齐方式为两端对齐。

（4）将标题"系统建设目标"的文字效果设为闪烁背景。

系统建设目标

该系统利用集团公司统一的拨号访问控制系统和数据收集上报平台，通过 Internet、拨号访问网络系统和电子邮件系统，快速、准确地自动收集项目单位（暂按 10 个考虑）的工程建设信息；生成集团公司有关工程建设管理所需的各类组合信息，并自动将所收集的信息发布到 Web 网站，提供集团公司本部和所属项目单位查询功能；建立工程建设管理信息系统和设备招投标管理信息系统；建立集团公司设备招投标信息库；利用预测、优化等数学模型进行综合分析，为公司经营决策提供依据。

28. 利用模板创建一份表格式个人简历

29. 编排公式

30. 编排表格

要求：编排如下所示的表格。

课　程　表

星期 节次	一	二	三	四	五	六
上午						
下午						
晚上						

习题 3.1　选择题参考答案

1. C　2. B　3. B　4. C　5. C　6. B　7. D　8. C　9. B　10. A

11. C　12. B　13. B　14. B　15. B　16. D　17. D　18. D　19. C　20. A

21. D　22. B　23. C　24. B　25. C　26. B　27. B　28. C　29. B　30. C

31. A　32. C　33. D　34. A　35. A　36. D　37. B　38. A　39. C　40. D

41. C　42. B　43. A　44. B　45. A　46. C　47. B　48. C　49. B　50. C

51. C　52. B　53. A　54. C　55. B　56. B　57. A　58. C　59. B　60. D

61. C　62. A　63. B　64. C　65. B　66. C　67. D　68. D　69. C　70. A

71. A　72. B　73. C　74. C　75. A　76. C　77. C　78. C　79. B　80. B

81. D　82. A　83. C　84. C　85. A　86. C　87. B　88. B　89. D　90. C

91. B　92. C　93. C　94. C　95. B　96. C　97. C　98. B　99. A　100. D

101. C　102. D　103. A　104. D　105. C　106. D　107. C　108. C　109. A　110. B

111. C　112. D　113. B　114. B　115. A　116. C　117. B　118. A　119. A　120. D

121. A　122. D　123. D　124. A　125. A　126. A

习题 3.2　填空题参考答案

1."视图"　　2.嵌入　　3."保存"　　4.段落标记　　5. doc
6."文件"　　7.滚动条　　8. Ctrl + V　　9. Ctrl + A　　10."属性"

四、Excel 2003 部分

习题 4.1　选择题

1. 在 Excel 2003 中，将下列概念按由大到小的次序排列，正确的次序是____。
A. 工作簿、工作表、单元格　　　　B. 单元格、工作表、工作簿
C. 工作簿、单元格、工作表　　　　D. 工作表、单元格、工作簿

2. 在工作表任意位置要移向单元格 A1，按____键。
A. Ctrl+Home　　B. Home　　　C. Alt+Home　　D. PageUp

3. 如果单元格中输入内容以____开始，Excel 认为输入的是公式。
A. =　　　　　　B. !　　　　　　C. *　　　　　　D. ^

4. 活动单元格的地址显示在____内。
A. 工具栏　　　　B. 状态栏　　　C. 名称框　　　　D. 菜单栏

5. 要移向当前行的 A 列，按____键。
A. Ctrl+Home　　B. Home　　　C. Alt+Home　　D. PageUp

6. 公式中表示绝对单元格地址时使用____符号。
A. A*　　　　　　B. $　　　　　　C. #　　　　　　D. 都不对

7. 当向一个单元格粘贴数据时，粘贴数据____单元格中原有的数据。
A. 取代　　　　　B. 加到　　　　C. 减去　　　　　D. 都不对

8. 如果单元格的数太大显示不下时，一组____显示在单元格内。
A. !　　　　　　B. ?　　　　　　C. #　　　　　　D. *

9. ____表示从 A5～F4 的单元格区域。
A. A5-F4　　　　B. A5:F4　　　C. A5>F4　　　　D. 都不对

10. 在 Excel 2003 工作簿中，至少应含有的工作表个数是____。
A. 1　　　　　　B. 2　　　　　　C. 3　　　　　　D. 4

11. Excel 选择工作表的方法是____。
A. 移动工作表标签　　　　　　　B. 拖动工作表标签
C. 双击工作表标签　　　　　　　D. 单击工作表标签

12. ____不是 Excel 中的函数种类。
A. 日期和时间　　B. 统计　　　　C. 财务　　　　　D. 图

13. 在 Excel 2003 工作表中，不正确的单元格地址是____。
A. C$66　　　　B. C6$6　　　C. $C66　　　　D. $C$66

14. Excel 能对多达____不同的字段进行排序。
A. 2 个　　　　　B. 3 个　　　　C. 4 个　　　　　D. 5 个

15. 在 Excel 2003 工作表中，正确的 Excel 公式形式为____。

A. =B3*Sheet 3%A2   B. =B3*Sheet 3$A2

C. =B3*Sheet 3：A2   D. =B3*Sheet 3!A2

16. 清单中的列被认为是数据库的____。

A. 字段   B. 字段名   C. 标题行   D. 记录

17. 记录单右上角显示的"5/10"表示清单____。

A. 等于 0.5

B. 共有 10 条记录，现在显示的是第 5 条记录

C. 是 5 月 10 日的记录

D. 是 10 月 5 日的记录

18. 对某列作升序排序时，则该列上有完全相同项的行将____。

A. 保持原始次序   B. 逆序排列   C. 重新排序   D. 排在最后

19. 在降序排序中，在排序列中有空白单元格的行会被____。

A. 放置在排序的数据清单最后   B. 放置在排序的数据清单最前

C. 不被排序   D. 保持原始次序

20. 选取"自动筛选"命令后，在清单上的____出现了下拉式按钮图标。

A. 字段名处   B. 所有单元格内   C. 空白单元格内   D. 底部

21. 在升序排序中，在排序列中有空白单元格的行会被____。

A. 放置在排序的数据清单最后   B. 放置在排序的数据清单最前

C. 不被排序   D. 保持原始次序

22. 一个工作簿里，最多可以含有____张工作表。

A. 3   B. 16   C. 127   D. 255

23. Excel 工作簿文件的扩展名为____。

A. DOC   B. TXT   C. XLS   D. PPT

24. Excel 2003 工作表可以进行智能填充时，鼠标的形状为____。

A. 实心粗十字   B. 向左上方箭头   C. 向右上方前头   D. 实心细十字

25. Excel 2003 工作表中，在某单元格内输入数字"123"，不正确的输入形式是____。

A.*123   B.=123   C.+123   D. 123

26. 一行与一列相交构成一个____。

A. 窗口   B. 单元格   C. 区域   D. 工作表

27. 要在一个单元格中输入数据，这个单元格必须是____。

A. 空的   B. 必须定义为数据类型

C. 当前单元格   D. 行首单元格

28. 以下哪一项可以作为有效的数字输入到工作表中？____

A. 4.83   B. 5%   C.￥53   D. 以上所有都是

29. 在一个单元格里输入 "AB" 两个字符，在默认情况下，是按____格式对齐。

A. 左对齐　　　　B. 右对齐　　　　C. 居中　　　　D. 分散对齐

30. 在 Excel 单元格内输入计算公式时，应在表达式前加一前缀字符____。

A. 左圆括号 "（" 　　　　　　　B. 等号 "＝"

C. 美元号 "$" 　　　　　　　　D. 单撇号 "ʹ"

31. 在单元格中输入数字字符串 "100080"（邮政编码）时，应输入____。

A. 100080　　B. ″100080　　C. ʹ100080　　D. 100080ʹ

32. 在 Excel 工作表中已输入的数据如下所示

	A	B	C	D	E
1	10	10%	=$A$1*C1		
2	20	20%			

如将 D1 单元格中的公式复制到 D2 单元格中，则 D2 单元格的值为____。

A. ＃＃＃＃　　B. 2　　　　C. 4　　　　D. 1

33. 在 Excel 2003 工作簿中，有关移动和复制工作表的说法正确的是____。

A. 工作表只能在所在工作簿内移动，不能复制

B. 工作表只能在所在工作簿内复制，不能移动

C. 工作表可以移动到其他工作簿内，不能复制到其他工作簿内

D. 工作表可以移动到其他工作簿内，也可复制到其他工作簿内

34. 在 Excel 2003 工作表中，单元格 D5 中有公式 "=$B$2+C4"，删除第 A 列后 C5 单元格中的公式为____。

A. =$A$2+B4　　B. ＝$B$2+B4　　C. =$A$2+C4　　D. ＝$B$2+C4

35. 在 Excel 2003 工作表中，第 11 行第 14 列单元格地址可表示为____。

A. M10　　　B. N10　　　C. M11　　　D. N11

36. 在 Excel 2003 工作表中，在某单元格的编辑区输入 "（8）"，单元格内将显示____。

A. −8　　　　B. （8）　　　C. 8　　　　D. +8

37. 在 Excel 2003 工作表中，单击某有数据的单元格，当鼠标为向左方空心箭头时，仅拖动鼠标可完成的操作是____。

A. 复制单元格内数据　　　　　B. 删除单元格内数据

C. 移动单元格内数据　　　　　D. 不能完成任何操作

38. 在 Excel 2003 工作表中，给当前单元格输入数值型数据时，默认为____。

A. 居中　　　B. 左对齐　　　C. 右对齐　　　D. 随机

39. Excel 的主要功能是____。

A. 文字处理　　　　　　　　　B. 数据处理

C. 资源管理　　　　　　　　　D. 演示文稿管理

40. 已知工作表"商品库"中单元格 F5 中的数据为工作表"月出库"中单元格 D5 与工作表"商品库"中单元格 G5 数据之和,若该单元格的引用为相对引用,则 F5 中的公式是____。

A. =月出库！$D$5+$G$5   B. =$D$5+$G$5

C. =D5+商品库！G5   D. =月出库！D5+G5

41. 在 Excel 2003 中,一个工作表最多可含有的行数是____。

A. 255   B. 256   C. 65 536   D. 任意多

42. 在 Excel 2003 工作表中,单元格区域 D2：E4 所包含的单元格个数是 ____。

A. 5   B. 6   C. 7   D. 8

43. Excel 2003 工作表中,选定某单元格,选择"编辑"菜单下的"删除"选项,不可能完成的操作是____。

A. 删除该行   B. 右侧单元格左移

C. 删除该列   D. 左侧单元格右移

44. Excel 工作表中,同时选择多个不相邻的工作表,可以在按住____键的同时依次单击各个工作表的标签。

A. Ctrl   B. Alt   C. Shift   D. Tab

45. Excel 工作表单元格中,输入下列表达式____是错误的。

A. =（15−A1）/3   B. =A2/C1

C. SUM（A2:A4）/2   D. =A2+A3+D4

46. 向 Excel 工作表单元格输入公式时,使用单元格地址 D$2 引用 D 列 2 行单元格,该单元格的引用称为____。

A. 交叉地址引用   B. 混合地址引用

C. 相对地址引用   D. 绝对地址引用

47. 自动填充的自定义序列是通过____菜单来自定义的。

A. "文件"   B. "编辑"   C. "格式"   D. "工具"

48. 若只想复制单元格内的公式而不复制格式时,应在选定目标单元格后执行____命令。

A. "剪切"   B. "复制"   C. "粘贴"   D. "选择性粘贴"

49. 在 Excel 2003 中,使用图表向导为工作表中的数据建立图表,正确的说法是____。

A. 只能建立一张单独的图表工作表,不能将图表嵌入到工作表中

B. 只能为连续的数据区建立图表,数据区不连续时不能建立图表

C. 图表中的图表类型一经选定建立图表后,将不能修改

D. 当数据区中的数据系列被删除后,图表中的相应内容也会被删除

50. 图表是工作表数据的一种表示形式,改变图表的____后,图表会自动更

新。

    A. X 轴   B. Y 轴   C. 标题   D. 源数据

51. 单元格区域第 2 列、第 1 行到第 4 列、第 5 行表示为____。

    A. B1:D5   B. 1B:5D   C. A2:E4   D. 2A:4E

52. 在工作表中，将相对引用 D2=B2*C2 的公式复制到 D3 单元格中，公式会变成____。

    A. =B2*C2   B. =B3*C3   C. B4*CA   D. BS*C5

53. 在 Excel 中要把当前的工作簿保存为模板文件，应选择的保存类型是____。

    A. *.xls   B. *.xlt   C. *.doc   D. *.htm

54. Excel 中，在 A1 单元格输入"6/20"后，该单元格中显示的内容是____。

    A. 0.3   B. 6 月 20 日   C. 3/10   D. 6/20

55. Excel 中，存放数值的区域是 B2:G90，则求区域 B2:B90 和 E2:E90 中最大值的计算公式是____。

    A. =MAX（B2:B90，E2:E90）   B. =MAX（B2:E90）

    C. =MAX（B90:E2）   D. =MAX（B2，B90，E2，E90）

56. 在 Excel 中，公式"=SUM（C2，E3：F4）"的含义是____。

    A. =C2+E3+E4+F3+F4   B. =C2+E3

    C. =C2+E3+F4   D. =C2+F4

57. 在工作表标签上双击，可对工作表名称进行____操作。

    A. 计算   B. 变大小   C. 隐藏   D. 重新命名

58. SUM（10，3，7，4）相当于____。

    A. 24   B. 13   C. 17   D. 14

59. 函数 AVERAGE（范围）的功能是____。

    A. 求范围内所有数字的平均值   B. 求范围内数据的个数

    C. 求范围内所有数字的和   D. 返回函数中的最大值

60. 若在单元格中出现一串的"#####"符号，则____。

    A. 需重新输入数据   B. 需调整单元格的宽度

    C. 需删去该单元格   D. 需删去这些符号

61. 在 Excel 中，A1 单元格设定其数字格式为整数，当输入"33.51"时，显示为____。

    A. 33.51   B. 33   C. 34   D. ERROR

62. Excel 2003 中，在打印学生成绩单时，对不及格的成绩用醒目的方式表示（如用红色表示等），当要处理大量的学生成绩时，利用____命令最为方便。

    A."查找"   B."条件格式"   C."数据筛选"   D."定位"

63. 在 Excel 工作表左上角的名称框中输入____不是引用 B 列第 5 行单元

格。

A. 5B   B.$B$5   C. B5   D.$B5

64. 工作表中表格大标题居中显示的一般方法是____。

A. 在标题行处于表格宽度居中位置的单元格中输入公式

B. 在标题行任一单元格输入标题，再单击"居中"按钮

C. 在标题行任一单元格输入标题，再单击"合并及居中"按钮

D. 在标题行任一单元格输入标题，选定标题行处于表格宽度范围内的所有单元格，然后单击"合并及居中"按钮

65. 在 Excel 2003 中，如果单元格 B2 中为"星期一"，那么向下拖动填充手柄到 B4，则 B4 中应为____。

A. 星期一   B. 星期二   C. 星期三   D.#REF

66. 在 Excel 中的某个单元格中输入文字，若要文字能自动换行，可利用"单元格格式"对话框的____选项卡，选择"自动换行"。

A."数字"   B."对齐"   C."图案"   D."保护"

67. 在复制 Excel 公式时，为使公式中的____，必须使用绝对地址（引用）。

A. 单元格地址随新位置而变化   B. 范围随新位置而变化

C. 范围不随新位置而变化   D. 范围大小随新位置而变化

68. 在 Excel 2003 中，当公式中出现被零除的现象时，产生的错误值是____。

A.#N/A!   B.#DIV/0!   C.#NUM!   D.#VALUE!

69. 在 Excel 的数据清单中，若根据某列数据对数据清单进行排序，可以利用工具栏上的"降序"按钮，此时用户应先____。

A. 选取该列数据   B. 选取整个数据清单

C. 单击该列数据中任一单元格   D. 单击数据清单中任一单元格

70. 把单元格指针移到 Y100 的最简单的方法是____。

A. 拖动滚动条

B. 按 Ctrl+Y100 键

C. 在名称框输入"Y100"

D. 先用 Ctrl+移到 Y 列，再用 Ctrl+移到 100 行

71. 打印工作前就能看到实际打印效果的操作是____。

A. 仔细观察工作表   B. 打印预览

C. 按 F8 键   D. 分页预览

72. 在 Excel 中，数据可以按图形方式显示在图表中。当修改工作表数据时，图表____。

A. 不会更新   B. 使用命令才能更新

C. 自动更新   D. 必须重新设置数据源区域才能更新

73. Excel 工作簿中既有工作表又有图表，当执行"文件"菜单中的"保存"

命令时，则____。

A. 只保存工作表文件

B. 只保存图表文件

C. 将工作表和图表作为一个文件来保存

D. 分成两个文件来保存

74. Excel 中，在对数据清单进行分类汇总之前，必须作的操作是____。

A. 排序 　　　　B. 筛选 　　　　C. 合并计算 　　D. 指定单元格

75. 选定工作表中多个不连续的矩形区域内的单元格。先用单区域选定方式选中第一个矩形区域，再按住____键不放手，选定其他矩形区域。

A. Shift 　　　　B. Ctrl 　　　　C. Alt 　　　　D. Space

76. 在 Excel 中，将本工作表中 C4 至 C9 区域中的值相加，正确的公式为____。

A. SUM（C4:C9） 　　　　　　B. SUM（C4:C9）=

C. =SUM（C4:C9） 　　　　　　D. =SUM（C4:C9）

77. 在 Excel 中，用鼠标拖曳方式进行单元格复制时，应按住____键。

A. Shift 　　　　B. Ctrl 　　　　C. Alt 　　　　D. Del

78. 在 Excel 2003 工作表中，给当前单元格输入文本型数据时，默认为____。

A. 居中 　　　　B. 左对齐 　　　　C. 右对齐 　　　D. 随机

79. 从"程序"级联菜单中选择 Microsoft Excel 选项启动 Excel 2003 之后，系统会自动建立一个空工作簿，其名为____。

A. Book1 　　　　B. Book 　　　　C. Sheet 1 　　D. Sheet

80. 在 Excel 2003 工作表的某单元格内输入数字字符串"456"，正确的输入方式是____。

A. 456 　　　　B.'456 　　　　C.=456 　　　　D. "456"

81. Excel 2003 中，关于工作表及为其建立的嵌入式图表的说法，正确的是____。

A. 删除工作表中的数据，图表中的数据系列不会删除

B. 增加工作表中的数据，图表中的数据系列不会增加

C. 修改工作表中的数据，图表中的数据系列不会修改

D. 以上三项均不正确

82. 在 Excel 中，选取整个工作表的方法是____。

A. 单击"编辑"菜单中的"全选"命令

B. 单击工作表的"全选"按钮

C. 单击 A1 单元格，然后按住 Shift 键单击当前屏幕的右下角单元格

D. 单击 A1 单元格，然后按住 Ctrl 键单击工作表的右下角单元格

83. 在 Excel 中，要在同一工作簿中把工作表 Sheet 3 移动到 Sheet 1 前面，应____。

A. 单击工作表 Sheet 3 标签，并沿着标签行拖动到 Sheet 1 前

B. 单击工作表 Sheet 3 标签，并按住 Ctrl 键沿着标签行拖动到 Sheet 1 前

C. 单击工作表 Sheet 3 标签，并单击"编辑"菜单中的"复制"命令，然后单击工作表 Sheet 1 标签，再单击"编辑"菜单中的"粘贴"命令

D. 单击工作表 Sheet 3 标签，并单击"编辑"菜单中的"剪切"命令，然后单击工作表 Sheet 1 标签，再单击"编辑"菜单中的"粘贴"命令

84. Excel 2003 中，改变工作表中单元格的列宽，可以用鼠标拖动＿＿＿。

A. 单元格右边的边框线

B. 列号左边的边框线

C. 列号右边的边框线列交界处

D. 行号下边的边框线

85. 如果要在 D 列和 E 列（已有数据）之间插入 3 个空白列，则首先应选定＿＿＿。

A. D 列　　　　　　B. E 列　　　　　　C. D、E、F 列　　D. E、F、G 列

86. Excel 2003 中的合并单元格如何进行设定？＿＿＿

A. "编辑"菜单中的"合并单元格"命令

B. "视图"菜单中的"合并单元格"命令

C. "单元格格式"对话框中的"对齐"选项卡

D. "单元格格式"对话框中的"边框"选项卡

87. 要改变单元格中内容的格式可以使用"单元格格式"对话框的哪个选项？＿＿＿

A. 对齐　　　　　　B. 数字　　　　　　C. 字体　　　　　　D. 文本

88. 在 Excel 2003 工作表中，某单元格内有"1.37"为数值格式 1.37，如将其格式改为货币格式￥1.37，单击该单元格，则＿＿＿。

A. 单元格内和编辑栏内均显示数值格式

B. 单元格内和编辑栏内均显示货币格式

C. 单元格内显示数值格式，编辑栏内显示货币格式

D. 单元格内显示货币格式，编辑栏内显示数值格式

89. Excel 2003 工作簿中，有 Sheet 1、Sheet 2、Sheet 3 三个工作表，连续选定该 3 个工作表，在 Sheet 1 工作表的 A1 单元格内输入数值"9"，则 Sheet 2 工作表和 Sheet 3 工作表中 A1 单元格内＿＿＿。

A. 内容均为数值"0"　　　　　　B. 内容均为数值"9"

C. 内容均为数值"10"　　　　　　D. 无数据

90. 在 Excel 2003 的表示中，＿＿＿是绝对地址引用。

A. $D5　　　　　　B. E$6　　　　　　C. F8　　　　　　D. $G$9

91. 在 Excel 2003 中，单元格范围引用符为＿＿＿。

A. .　　　　　　B. ;　　　　　　C. ,　　　　　　D. :

92. Excel 2003 规定，公式必须以____开头。

A. ,　　　　　　B. =　　　　　　C. .　　　　　　D. *

93. ____表示一个单元格的地址是第二行第一列。

A. A1　　　　　B. B1　　　　　C. R1C2　　　　D. A2

94. Excel 中有一图书库存管理工作表，数据清单字段名有图书编号、书名、出版名称、出库数量、入库数量、出入库日期。若统计各出版社图书的"出库数量"总和及"入库数量"总和，应对数据进行分类汇总，分类汇总前要对数据排序，排序的主要关键字应是____。

A. 入库数量　　B. 出库数量　　C. 书名　　　　D. 出版社名称

95. 为单元格区域设置边框的正确操作方法是____。

A. 选择"工具"菜单中的"选项"命令；再选定"视图"选项卡，在"显示"列表框中选择所需的格式类型，单击"确定"按钮

B. 选择要设置边框的单元格区域；选择"工具"菜单中的"选项"命令；再选定"视图"选项卡，在"显示"列表框中选择所需的格式类型，单击"确定"按钮

C. 选择"格式"菜单中的"单元格"命令；在其对话框中选定"边框"选项卡，在该选项卡中选择所需的选项；单击"确定"按钮

D. 选择要设置边框的单元格区域；选定"格式"菜单中的"单元格"命令；选定"边框"选项卡，选择所需选项；单击"确定"按钮

96. 某公式中引用了一组单元格，它们是（C3:D7，A2，F1），该公式引用的单元格总数为____个。

A. 4　　　　　　B. 8　　　　　　C. 12　　　　　D. 16

97. 要在已打开工作簿中复制一张工作表的正确菜单操作是____。

A. 单击被选中要移动的工作表标签；选择"编辑"菜单中的"复制"命令；再选择"粘贴"命令

B. 单击被复制的工作表标签；选择"编辑"菜单中"移动或复制工作表"命令；在其对话框中选定复制位置后，选中"建立副本"复选框，单击"确定"按钮

C. 单击被复制的工作表标签；选择"编辑"菜单中的"移动或复制工作表"命令；选定复制位置后，再单击"确定"按钮

D. 单击被复制的工作表标签；选择"编辑"菜单中"复制"命令；选择"选择性粘贴"，选定粘贴内容后单击"确定"按钮

98. 在 Excel 工作表单元格中，输入下列表达式____是错误的。

A. =(15−A1)/3　　　　　　　　　B. = A2/C1

C. SUM(A2:A4)/2　　　　　　　　D. =A2+A3+D4

99. 在 Excel 2003 中，为了激活某一张工作表，可以单击____。

A. 单元格　　　　B. 工作表　　　　C. 工作表标签　　D. 标签滚动条按钮

100. 首次启动 Excel 2003 后默认显示的工具栏是____。

A. "常用"工具栏和"格式"工具栏

B. "常用"工具栏和"绘图"工具栏

C. "格式"工具栏和"图表"工具栏

D. 只有"常用"工具栏

101. 在 Excel 中的某个单元格中输入文字,若要文字能自动换行,可利用"单元格格式"对话框的____选项卡,选中"自动换行"复选框。

A. "数字"　　　　B. "对齐"　　　　C. "图案"　　　　D. "保护"

102. 在 Excel 中,清除单元格与删除单元格描述正确的是____。

A. 清除单元格是指将单元格位置删除

B. 删除单元格只删除单元格的内容,而该单元格的位置仍然保留

C. 清除单元格之前必先删除单元格

D. 删除单元格是指将单元格连同位置和内容一起删除

103. 在 Excel 中,若要将一个班各门课程的平均成绩按男女生分类显示,应采用____。

A. 制作图表　　　B. 分类汇总　　　C. 自定义筛选　　D. 排序

104. 在 Excel 中,当把鼠标指针置于单元格边框右下角时变为"+"形状,称为填充柄,____。

A. 可用来确定输入文本的插入点　　B. 此时可选择单元格或区域

C. 可以改变行高或列宽　　　　　　D. 可进行系列填充输入

习题 4.2　填空题

1. 用来将单元格 D6 与 E6 的内容相乘的公式是____。

2. 将单元格 A2 与 C4 的内容相加,并对其和除以 4 的公式是____。

3. 一个_____是工作表中的一组单元格。

4. 要输入数字型文本,所输入的数字以_____开头。

5. 要清除活动单元格中的内容,按_____键。

6. 要垂直显示单元格中的文本,首先选择"格式"菜单中的_____命令。

7. 用_____命令可以改变工作表中的文本、数或单元格的外观形象。

8. _____函数可用来查找一组数中的最大数。

9. 打印工作表而不带行间横线时,不能选择"页面设置"对话框中的____选项。

10. 选定连续区域时,可用鼠标和_____键来实现。

11. 选定不连续区域时,可用鼠标和_____键来实现。

12. 选定整行,可将光标移到_____上,单击鼠标左键即可。

13. 选定整列,可将光标移到_____上,单击鼠标左键即可。

14. 选定整个工作表,单击边框左上角的_____按钮即可。

15. 若在单元格的右上角出现一个红色的小三角，说明该单元格加了____。

16. 在 Excel 内部预置有_____类各式各样的图表类型。

17. 在 Excel 中，放置图表的方式有_____和_____两种。

18. 正在处理的工作表称为_____工作表。

19. 完整的单元格地址通常包括工作簿名、_____标签名、列标号、行标号。

20. 在 Excel 中，公式都是以"＝"开始的，后面由_____和运算符构成。

习题 4.3 判断题

1. 在 Word 中我们处理的是文档，在 Excel 中我们直接处理的对象称为工作簿。　　　　　　　　　　　　　　　　　　　　　　　　　（　　）

2. 工作表是指在 Excel 环境中用来存储和处理工作数据的文件。　（　　）

3. 正在处理的单元格称为活动的单元格。　　　　　　　　　　　（　　）

4. 在 Excel 中，公式都是以"＝"开始的，后面由操作数和函数构成。

　　　　　　　　　　　　　　　　　　　　　　　　　　　　　（　　）

5. 清除是指对选定的单元格和区域内的内容作清除操作。　　　　（　　）

6. 删除是指将选定的单元格和单元格内的内容一并删除。　　　　（　　）

7. 每个单元格内最多可以存放 256 个半角字符。　　　　　　　　（　　）

8. 单元格引用位置基于工作表中的行号列标。　　　　　　　　　（　　）

9. 相对引用的含义是：把一个含有单元格地址引用的公式复制到一个新的位置或用一个公式填入一个选定范围时，公式中的单元格地址会根据情况而改变。

　　　　　　　　　　　　　　　　　　　　　　　　　　　　　（　　）

10. 运算符用于指定对操作数或单元格引用数据执行何种运算。　（　　）

11. 如果要修改计算的顺序，可把公式中需首先计算的部分括在方括号内。

　　　　　　　　　　　　　　　　　　　　　　　　　　　　　（　　）

12. 比较运算符可以比较两个数值并产生逻辑值 TRUE 或 FALSE。（　　）

13. 可同时将数据输入到多张工作表中。　　　　　　　　　　　　（　　）

14. 选取不连续的单元格，需要用 Alt 键配合。　　　　　　　　　（　　）

15. 选取连续的单元格，需要用 Ctrl 键配合。　　　　　　　　　　（　　）

习题 4.4 操作题

1. 对给出的 Excel 工作簿文件完成如下操作

（1）打开 Excel 工作簿文件，选择工作表 Sheet 3。

（2）在工作表 Sheet 3 的单元格 A2～A10 输入数字 1～9，B1～J1 输入数字 1～9。

（3）利用公式复制的方法，在工作表 Sheet 3 的 B2:J10 区域输入九九乘法表。

2. 对给出的 Excel 工作簿文件完成如下操作

（1）打开 Excel 工作簿文件，选择工作表 Sheet 1，如图 1 所示。

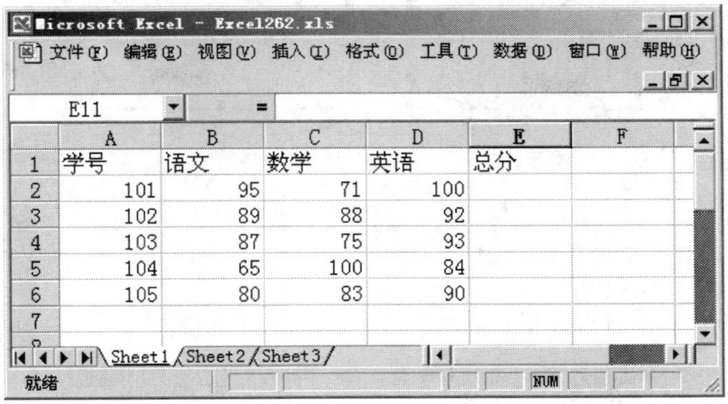

	A	B	C	D	E	F
1	学号	语文	数学	英语	总分	
2	101	95	71	100		
3	102	89	88	92		
4	103	87	75	93		
5	104	65	100	84		
6	105	80	83	90		
7						

图 1　工作表 Sheet 1

（2）将工作表 Sheet 1 第 1～第 8 行的行高设置为 18。

（3）利用公式复制的方法，将工作表 Sheet 1 的总分栏设置为每个学生三门分数之和。

3. 对给出的 Excel 工作簿文件完成如下操作

（1）打开 Excel 工作簿文件，删除除工作表 grade 以外的所有表，如图 2 所示。

（2）将工作表 grade 的第 A～第 E 列的列宽设置为 12。

（3）利用公式复制的方法，在平均分一行中设置公式分别计算各科平均分和总平均分。

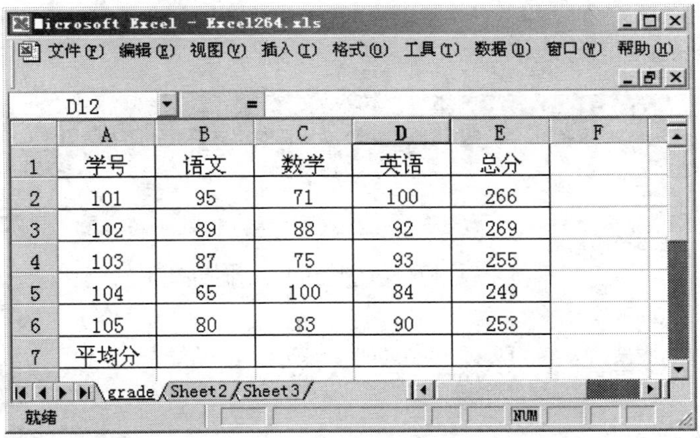

	A	B	C	D	E	F
1	学号	语文	数学	英语	总分	
2	101	95	71	100	266	
3	102	89	88	92	269	
4	103	87	75	93	255	
5	104	65	100	84	249	
6	105	80	83	90	253	
7	平均分					

图 2　工作表 grade

4. 对给出的 Excel 工作簿文件完成如下操作

（1）打开 Excel 工作簿文件，选择工作表 Sheet 1，将 Sheet 1 改名为 grade，如图 3 所示。

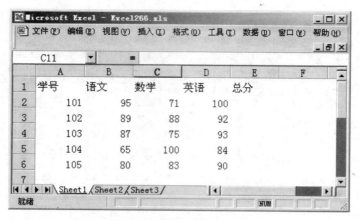

图 3　将 Sheet 1 改为 grade

（2）为工作表 grade 设置网格线，单元格采用居中格式。

（3）利用公式复制的方法，将工作表 grade 的总分栏设置为每个学生三门分数之和。

5. 请依次解答以下问题

对给出的 Excel 工作簿文件完成如下操作：

（1）打开 Excel 工作簿，选择工作表 Sheet 1，用平均值函数求出每人的平均成绩，依次放在 E3～E6 的单元格中，如图 4 所示。

（2）把标题行 A1～E1 合并单元格，把标题"学生成绩表"设为 20 号宋体，居中，并把字体设置为红色。

（3）把 Sheet 1 工作表名改为"学生成绩表"。

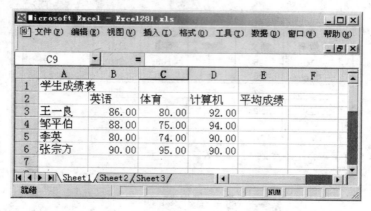

图 4　求平均成绩

6. 请依次解答以下各小题

对给出的 Excel 工作簿文件完成如下操作：

（1）打开 Excel 工作簿文件，选择工作表 Sheet 1，并将其更名为“统计表”，如图 5 所示。

	A	B	C	D	E	F	G	H	I
1			周销售额统计表（元）						
2		星期一	星期二	星期三	星期四	星期五	星期六	星期日	合计
3	商品001	2000	2000	2000	2000	2000	2000	2000	
4	商品002	2000	2001	2002	2003	2004	2005	2006	
5	商品003	2006	2008	2010	2012	2014	2016	2018	
6	商品004	2000	2000	2030	2000	2000	2070	2000	
7	商品005	2000	2000	2000	2000	2000	2000	2000	
8	商品006	2010	2013	2016	2019	2022	2025	2028	
9	商品007	2200	2204	2208	2212	2216	2220	2224	
10	商品008	2000	2000	3000	2000	2400	2000	2000	
11	合计								

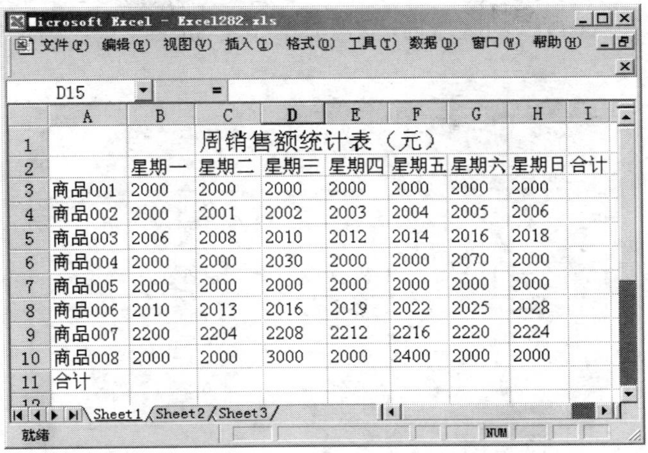

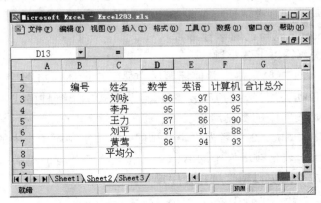

图 5　将 Sheet 改为“统计表”

（2）将统计表的 C1 单元格的“周销售额统计表（元）”设置为 20 磅宋体，把 B3:H10 单元格的数据以带有 2 位小数的格式显示。

（3）用公式的方法，在 I3:I10 区域计算每种商品一周的销售额，在 B11:H11 区域计算每天的销售额，在 I11 计算一周的销售总额。

7. 对给出的 Excel 工作簿文件完成以下操作

（1）打开 Excel 工作簿文件，选择工作表 Sheet 2，将工作表名改为“考试”，如图 6 所示。

（2）将工作表“考试”的单元格 B3～B7 输入编号 32001—32005。

（3）利用函数，在工作表“考试”的单元格 G3～G7 中计算出每位学生的合计总分，在工作表“考试”的单元格 D8～F8 中计算出每门课程的平均分。

	A	B	C	D	E	F	G
1							
2		编号	姓名	数学	英语	计算机	合计总分
3			刘咏	96	97	93	
4			李丹	95	89	95	
5			王力	87	86	90	
6			刘平	87	91	88	
7			黄莺	86	94	93	
8			平均分				
9							

图 6　将 sheet 2 改名为“考试”

8. 请依次解答以下各小题

（1）打开给出的 Excel 工作簿文件，已建立一抗洪救灾捐献统计表，已知的部分数据存放在 A1:D17 的区域内，将当前工作表 Sheet 1 更名为“救灾统计表”，如图 7 所示。

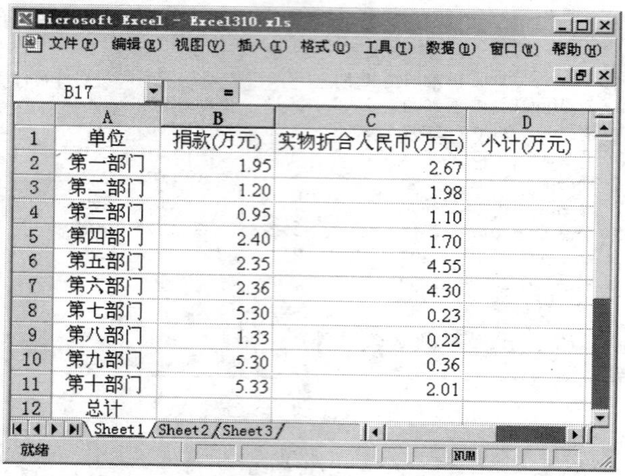

	A	B	C	D
1	单位	捐款(万元)	实物折合人民币(万元)	小计(万元)
2	第一部门	1.95	2.67	
3	第二部门	1.20	1.98	
4	第三部门	0.95	1.10	
5	第四部门	2.40	1.70	
6	第五部门	2.35	4.55	
7	第六部门	2.36	4.30	
8	第七部门	5.30	0.23	
9	第八部门	1.33	0.22	
10	第九部门	5.30	0.36	
11	第十部门	5.33	2.01	
12	总计			

图 7　救灾统计表

（2）用公式计算各项捐献的统计数据（求和），分别填入“总计”行的各相应列和“小计”列的各相应行中。

（3）选择“救灾统计表”中前三行数据和标题行（共四行），复制到表 Sheet 2 中 A1 开始位置。

9. 请依次解答以下各小题

（1）打开 Excel 工作簿文件，选择工作表 Sheet 2，利用公式复制求出 D2:D7 的值，如图 8 所示。

（2）将工作表 Sheet 2 的 A1:E8 区域复制到工作表 Sheet 3 的 A1:E8 区域中。

（3）利用函数复制求出销售单价总计、数量总计、金额总计的 B8:D8 的数值，并将工作表 Sheet 3 以自己的学号命名。

10. 请依次解答以下各小题

（1）合并 A1:G1 单元格，并使标题居中显示，楷体，24 号字，如图 9 所示。

（2）运用自动套用格式的方法，套用自动格式中第一种格式（即简单格式）来格式化“原始表”中的数据清单（不包括标题行）。

（3）把工作表 Sheet 2 命名为“表格排序”，并复制原始表中的数据清单（不包括标题行）到“表格排序”中的 A1:G8 位置，将该数据清单的所有学生记录用“排序”方法按“出生日期”进行升序排列。

11. 请依次解答以下各小题

（1）合并 A1～F1 单元格，使标题居中，24 号字，如图 9–10 所示。

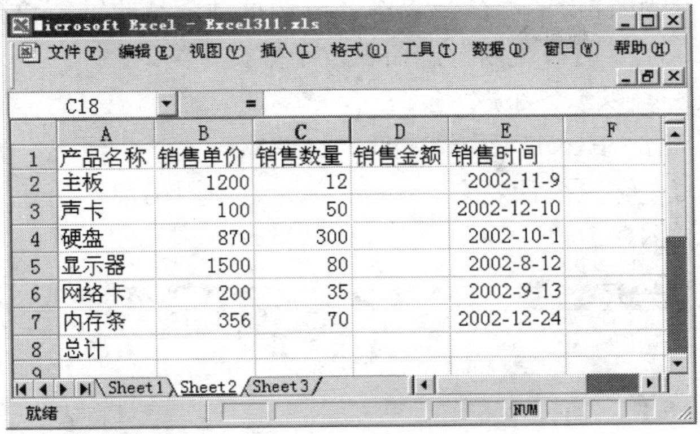

Microsoft Excel - Excel311.xls

文件(F)　编辑(E)　视图(V)　插入(I)　格式(O)　工具(T)　数据(D)　窗口(W)　帮助(H)

C18

	A	B	C	D	E	F
1	产品名称	销售单价	销售数量	销售金额	销售时间	
2	主板	1200	12		2002-11-9	
3	声卡	100	50		2002-12-10	
4	硬盘	870	300		2002-10-1	
5	显示器	1500	80		2002-8-12	
6	网络卡	200	35		2002-9-13	
7	内存条	356	70		2002-12-24	
8	总计					

Sheet1 / Sheet2 / Sheet3

就绪　　　　　　　　　　　　　　　　NUM

图 8　求各项总计

Microsoft Excel - Excel323.xls

文件(F)　编辑(E)　视图(V)　插入(I)　格式(O)　工具(T)　数据(D)　窗口(W)　帮助(H)

E15

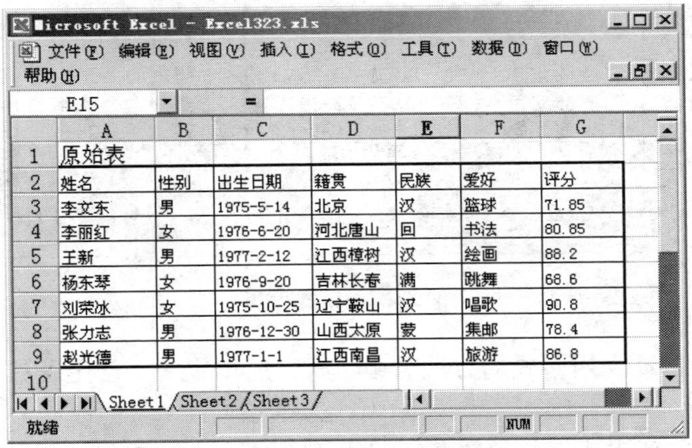

	A	B	C	D	E	F	G
1	原始表						
2	姓名	性别	出生日期	籍贯	民族	爱好	评分
3	李文东	男	1975-5-14	北京	汉	篮球	71.85
4	李丽红	女	1976-6-20	河北唐山	回	书法	80.85
5	王新	男	1977-2-12	江西樟树	汉	绘画	88.2
6	杨东琴	女	1976-9-20	吉林长春	满	跳舞	88.6
7	刘荣冰	女	1975-10-25	辽宁鞍山	汉	唱歌	90.8
8	张力志	男	1976-12-30	山西太原	蒙	集邮	78.4
9	赵光德	男	1977-1-1	江西南昌	汉	旅游	86.8
10							

Sheet1 / Sheet2 / Sheet3

就绪　　　　　　　　　　　　　　　　NUM

图 9　表格排序表

Microsoft Excel - Excel1331.xls

文件(F)　编辑(E)　视图(V)　插入(I)　格式(O)　工具(T)　数据(D)　窗口(W)　帮助(H)

E10

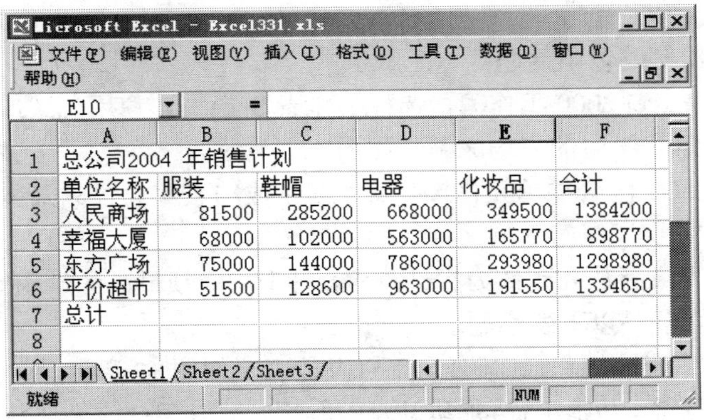

	A	B	C	D	E	F
1	总公司2004 年销售计划					
2	单位名称	服装	鞋帽	电器	化妆品	合计
3	人民商场	81500	285200	668000	349500	1384200
4	幸福大厦	68000	102000	563000	165770	898770
5	东方广场	75000	144000	786000	293980	1298980
6	平价超市	51500	128600	963000	191550	1334650
7	总计					
8						

Sheet1 / Sheet2 / Sheet3

就绪　　　　　　　　　　　　　　　　NUM

图 10　销售计划表

（2）计算各种商品的总计。

（3）使用“簇状柱形图”分析表中各商场每种商品的销售数据，要求图表标题为“总公司 2004 年销售计划”，图表位于数据下方。

12. 请依次解答以下各小题

（1）打开给出的 Excel 工作簿文件，已建立一“学生情况”表，将当前工作表 Sheet 1 更名为“学生统计表”，在 G9 单元格中用函数方法计算“评分”的平均值，如图 11 所示。

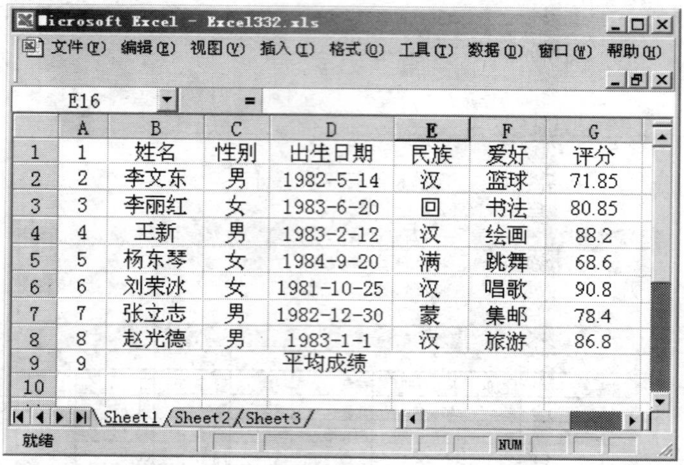

	A	B	C	D	E	F	G
1	1	姓名	性别	出生日期	民族	爱好	评分
2	2	李文东	男	1982-5-14	汉	篮球	71.85
3	3	李丽红	女	1983-6-20	回	书法	80.85
4	4	王新	男	1983-2-12	汉	绘画	88.2
5	5	杨东琴	女	1984-9-20	满	跳舞	68.6
6	6	刘茉冰	女	1981-10-25	汉	唱歌	90.8
7	7	张立志	男	1982-12-30	蒙	集邮	78.4
8	8	赵光德	男	1983-1-1	汉	旅游	86.8
9	9			平均成绩			
10							

图 11　表格排序表

（2）运用自动套用格式的方法套用格式，简单定义“学生统计表”中的数据清单（1～9 行）。

（3）建立一新工作表，命名为 “表格排序”，在该表中复制已建的“学生统计表”中的数据（1～8 行），并将“表格排序”中所有学生记录按“出生日期”升序进行排列。

13. 请依次解答以下问题

（1）打开 Excel 2000 工作簿，选择工作表 Sheet 1，使用公式或函数，在平均成绩栏计算出每个学生的平均成绩，如图 12 所示。

（2）把 A1:G1 区合并单元格，并将“学生成绩表”设置成宋体，20 号字，合并并居中。

（3）以平均成绩从高到低为标准排序，将平均成绩最高的学生行用红色显示。

14. 请依次解答以下各小题

文件中工作表 Sheet 2 是某公司工资发放表，如图 13 所示。

（1）实发工资=基本工资+加班补贴，利用公式计算“实发工资”列的值。

（2）将工作表 Sheet 2 改名为“工资发放表”。

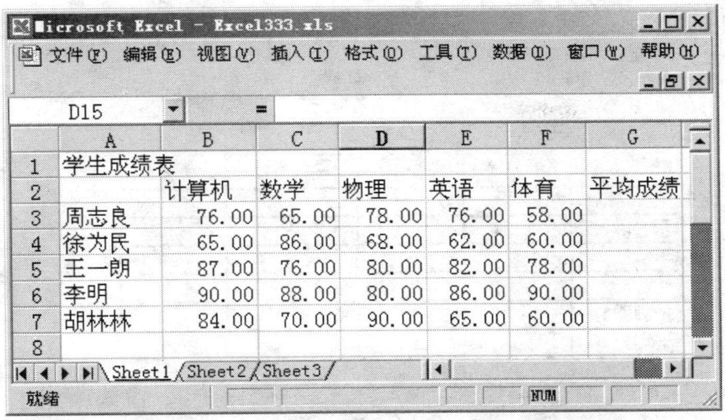

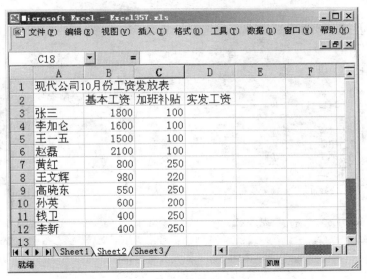

	A	B	C	D	E	F	G
1	学生成绩表						
2		计算机	数学	物理	英语	体育	平均成绩
3	周志良	76.00	65.00	78.00	76.00	58.00	
4	徐为民	65.00	86.00	68.00	62.00	60.00	
5	王一朗	87.00	76.00	80.00	82.00	78.00	
6	李明	90.00	88.00	80.00	86.00	90.00	
7	胡林林	84.00	70.00	90.00	65.00	60.00	
8							

图 12　学生成绩表

	A	B	C	D	E	F
1	现代公司10月份工资发放表					
2		基本工资	加班补贴	实发工资		
3	张三	1800	100			
4	李加仑	1600	100			
5	王一五	1500	100			
6	赵磊	2100	100			
7	黄红	800	250			
8	王文辉	980	220			
9	高晓东	550	250			
10	孙英	600	200			
11	钱卫	400	250			
12	李新	400	250			
13						

图 13　工资发放表

（3）合并单元格 A1:D1，将标题“现代公司 10 月份工资发放表”居中，20 号宋体。

15. 请依次解答以下各小题

（1）利用公式计算表格的平均分、总分，如图 14 所示。

（2）按表中的数据生成簇状柱形图表，图表命名为“成绩表”，图表位于数据下方。

（3）以总分对表格中的 5 位同学的成绩进行递减排序。

16. 请依次解答以下各小题

（1）打开 Excel 2000 工作簿，选择工作表 Sheet 1，求出各门课程和总分的平均成绩（平均成绩放在第 10 行），如图 15 所示。

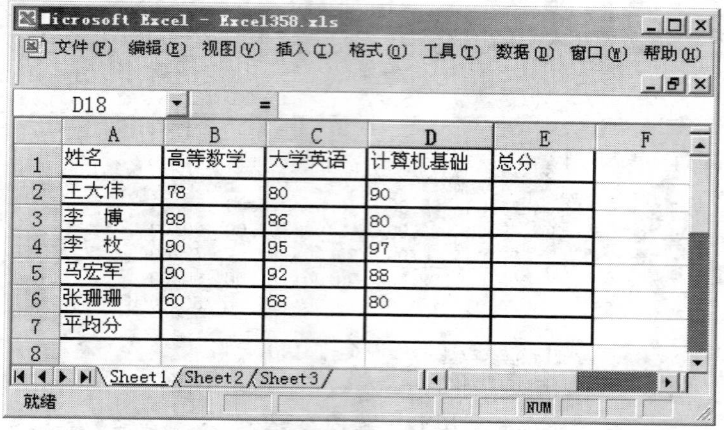

	A	B	C	D	E	F
1	姓名	高等数学	大学英语	计算机基础	总分	
2	王大伟	78	80	90		
3	李　博	89	86	80		
4	李　枚	90	95	97		
5	马宏军	90	92	88		
6	张珊珊	60	68	80		
7	平均分					
8						

图 14　成绩表

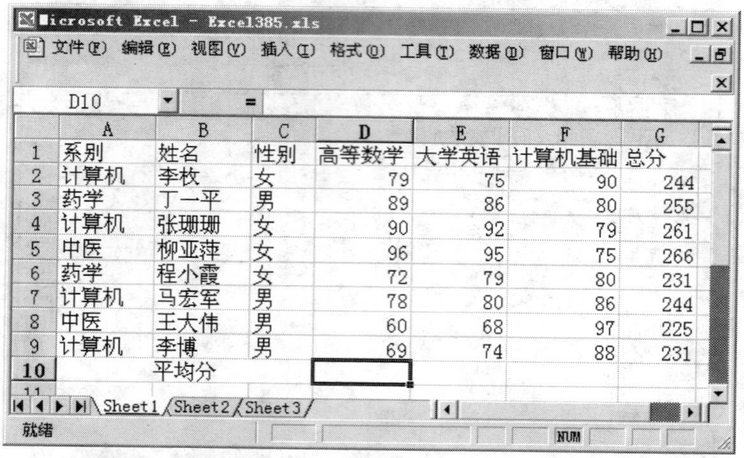

	A	B	C	D	E	F	G
1	系别	姓名	性别	高等数学	大学英语	计算机基础	总分
2	计算机	李枚	女	79	75	90	244
3	药学	丁一平	男	89	86	80	255
4	计算机	张珊珊	女	90	92	79	261
5	中医	柳亚萍	女	96	95	75	266
6	药学	程小霞	女	72	79	80	231
7	计算机	马宏军	男	78	80	86	244
8	中医	王大伟	男	60	68	97	225
9	计算机	李博	男	69	74	88	231
10		平均分					

图 15　以“系别”进行排序

（2）以系别为标准，从小到大排序，系别相同的用总分从高到低进行排序。

（3）把 Sheet 1 表复制到 Sheet 2 中相同的位置。

17. 请依次解答以下各小题

（1）资金总额 = 单价×库存数量，利用公式计算“资金总额”列的值，如图 16 所示。

（2）将所有数据的显示格式设置为带千位分隔符的数值，保留两位小数，如图 16 所示。

（3）将所有记录按“资金总额”列的值按升序重新进行排列。

18. 请依次解答以下各小题

（1）在 Sheet 1 表的源数据上加入一列“实发工资”，用公式统计每个员工的实发工资，如图 17 所示。

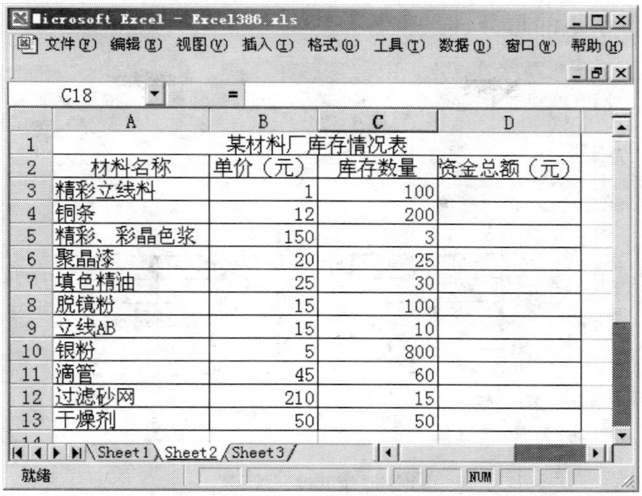

	A	B	C	D
1	某材料厂库存情况表			
2	材料名称	单价（元）	库存数量	资金总额（元）
3	精彩立线料	1	100	
4	铜条	12	200	
5	精彩、彩晶色浆	150	3	
6	聚晶漆	20	25	
7	填色精油	25	30	
8	脱镜粉	15	100	
9	立线AB	15	10	
10	银粉	5	800	
11	滴管	45	60	
12	过滤砂网	210	15	
13	干燥剂	50	50	

图 16　计算资金总额

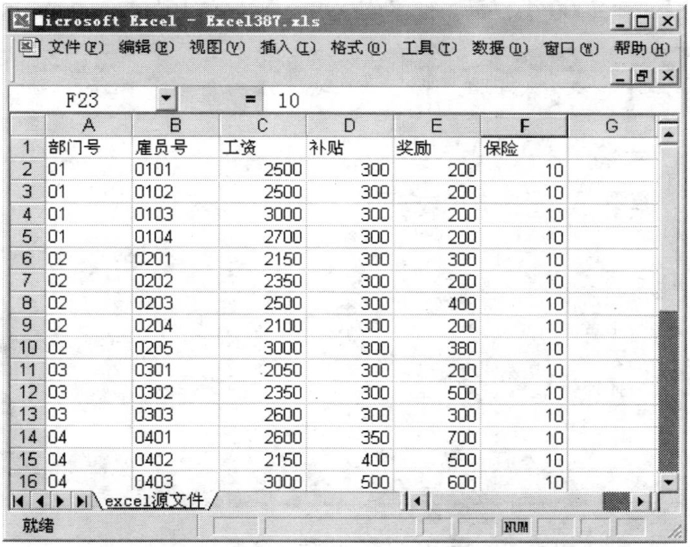

	A	B	C	D	E	F	G
1	部门号	雇员号	工资	补贴	奖励	保险	
2	01	0101	2500	300	200	10	
3	01	0102	2500	300	200	10	
4	01	0103	3000	300	200	10	
5	01	0104	2700	300	200	10	
6	02	0201	2150	300	300	10	
7	02	0202	2350	300	200	10	
8	02	0203	2500	300	400	10	
9	02	0204	2100	300	200	10	
10	02	0205	3000	300	380	10	
11	03	0301	2050	300	200	10	
12	03	0302	2350	300	500	10	
13	03	0303	2600	300	300	10	
14	04	0401	2600	350	700	10	
15	04	0402	2150	400	500	10	
16	04	0403	3000	500	600	10	

图 17 “加入实发工资”列

（2）按照部门号进行升序排列，部门号相同时按照雇员号的升序进行排列。

（3）按部门号进行工资和实发工资的分类汇总。

19. 对给出的 Excel 工作簿文件完成如下操作

（1）将工作表改名为 Paper，如图 18 所示。

（2）在表格中插入一列，并放在最前，标题为“序号”，然后用填充的方法填入各序号。

（3）计算各学生的总分。

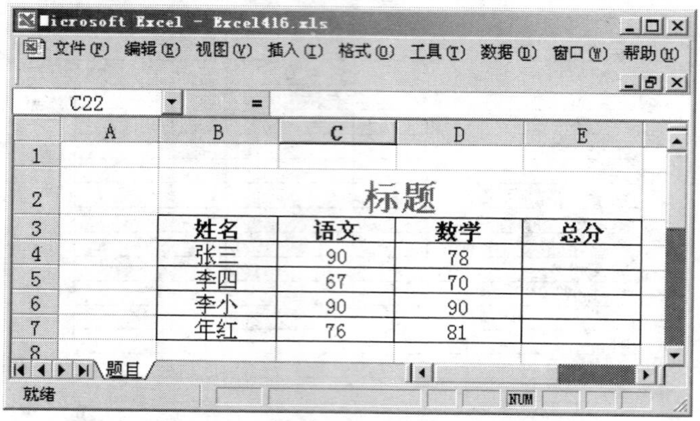

	A	B	C	D	E
1					
2		标题			
3		姓名	语文	数学	总分
4		张三	90	78	
5		李四	67	70	
6		李小	90	90	
7		年红	76	81	
8					

图 18　Paper 工作表

20. 对给出的 Excel 2000 工作簿文件完成如下操作

（1）打开 Excel 2000 工作簿，把工作表 Sheet 1 复制到 Sheet 2 中，如图 19 所示。

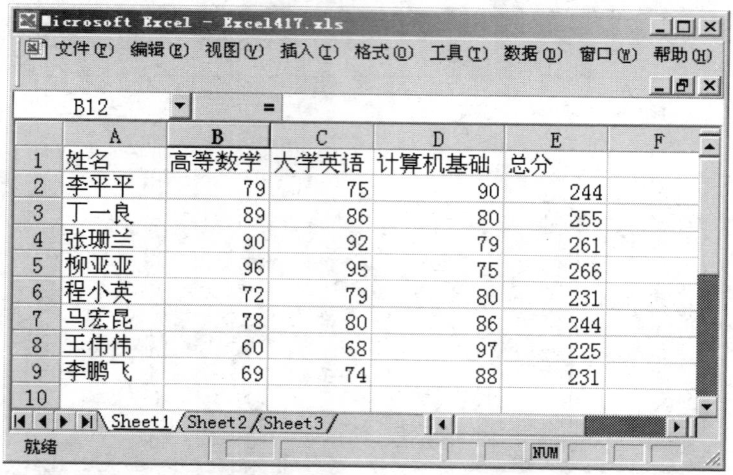

	A	B	C	D	E	F
1	姓名	高等数学	大学英语	计算机基础	总分	
2	李平平	79	75	90	244	
3	丁一良	89	86	80	255	
4	张珊兰	90	92	79	261	
5	柳亚亚	96	95	75	266	
6	程小英	72	79	80	231	
7	马宏昆	78	80	86	244	
8	王伟伟	60	68	97	225	
9	李鹏飞	69	74	88	231	
10						

图 19　学生成绩总分表

（2）打开 Sheet 2，把“总分”列的名称改成“平均成绩”，并把每个学生的总分用平均成绩来代替。

（3）将 Sheet 2 中的平均成绩从低分到高分进行排列，将 Sheet 1 中的总分从高分到低分进行排列。把 Sheet 1 改名为“学生成绩总分表”，把 Sheet 2 改名为“学生平均成绩表”。

21. 请依次解答以下各小题

（1）将工作表名改为“学生成绩表”，如图 20 所示。

（2）计算每位学生的总成绩和每门课程的平均成绩，平均成绩要求为保留两位小数数值格式。

（3）请将成绩表按总分由低到高进行排序。

	A	B	C	D	E	F	G	H
1	2006级中文1班成绩表							
2	学号	姓名	大学英语	大学法律	古代文学	写作	现代文学	总成绩
3	0601010203001	赵海平	85	95	98	78	87	
4	0601010203002	胡宁	96	48	74	84	84	
5	0601010203003	孙小山	78	75	86	96	85	
6	0601010203004	周吉生	65	84	88	69	85	
7	0601010203005	张四海	50	84	59	88	94	
8	0601010203006	李木子	88	86	67	94	60	
9	0601010203007	傅中华	49	95	94	69	90	
10	0601010203008	王熙芬	67	55	99	96	35	
11	平均成绩							

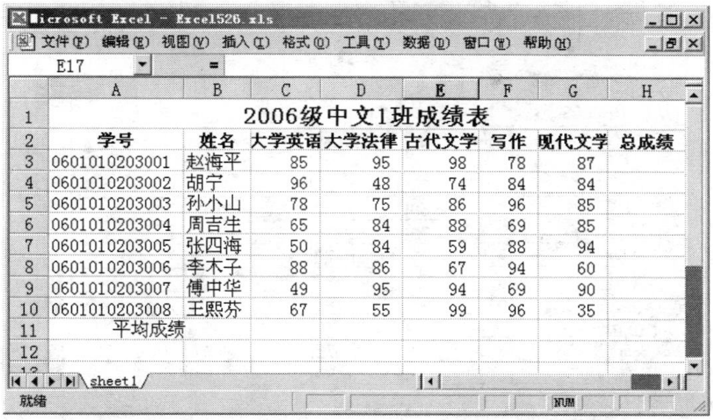

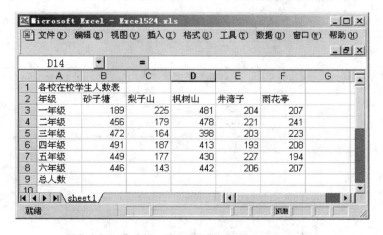

图 20　学生成绩表

22. 请依次解答以下各小题

（1）标题格式为字号：16，字体：宋体；将 A1～F1 单元格合并；居中，如图 21 所示。

（2）工作表名改为“在校人数统计表”。

（3）在 B9～F9 单元格中分别统计出每个学校的总人数。

	A	B	C	D	E	F	G
1	各校在校学生人数表						
2	年级	砂子塘	梨子山	枫树山	井湾子	雨花亭	
3	一年级	189	225	481	204	207	
4	二年级	456	179	478	221	241	
5	三年级	472	164	398	203	223	
6	四年级	491	187	413	193	208	
7	五年级	449	177	430	227	194	
8	六年级	446	143	442	206	207	
9	总人数						

图 21　在校人数统计表

23. 请依次解答以下各小题

（1）计算总成绩：平时成绩占 10%，作业成绩占 20%，期终考试成绩占 70%，如图 22 所示。

（2）按总成绩由低到高进行排序。

（3）利用函数计算该班期终考试的平均分，填入单元格 D15。

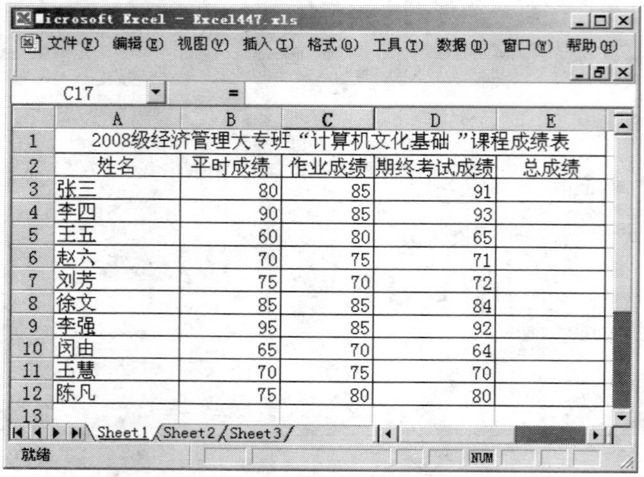

	A	B	C	D	E
1	2008级经济管理大专班“计算机文化基础”课程成绩表				
2	姓名	平时成绩	作业成绩	期终考试成绩	总成绩
3	张三	80	85	91	
4	李四	90	85	93	
5	王五	60	80	65	
6	赵六	70	75	71	
7	刘芳	75	70	72	
8	徐文	85	85	84	
9	李强	95	85	92	
10	闵由	65	70	64	
11	王慧	70	75	70	
12	陈凡	75	80	80	
13					

图 22　计算平均成绩

24. 请依次解答以下各小题

（1）打开 Excel 2000 工作簿文件，将工作表 Sheet 1 重命名为“2006 年学生成绩统计表”，如图 23 所示。

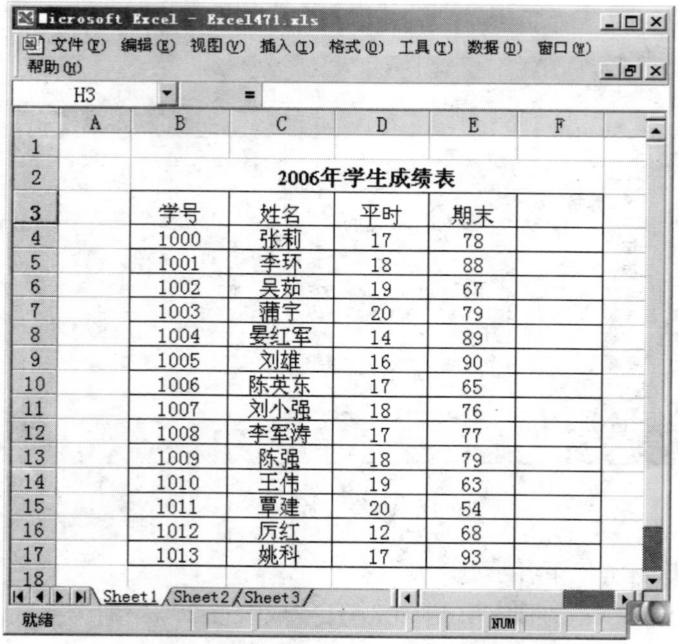

	A	B	C	D	E	F
1						
2		2006年学生成绩表				
3		学号	姓名	平时	期末	
4		1000	张莉	17	78	
5		1001	李环	18	88	
6		1002	吴茹	19	67	
7		1003	蒲宇	20	79	
8		1004	晏红军	14	89	
9		1005	刘雄	16	90	
10		1006	陈英东	17	65	
11		1007	刘小强	18	76	
12		1008	李军涛	17	77	
13		1009	陈强	18	79	
14		1010	王伟	19	63	
15		1011	覃建	20	54	
16		1012	厉红	12	68	
17		1013	姚科	17	93	
18						

图 23　学生成绩统计表

（2）在当前工作表的 F3 单元格中输入“总评成绩”。

（3）利用公式复制的方法，分别计算每个同学成绩的总评成绩，计算公式为：总评成绩＝平时＋期末成绩×0.8。

25. 请依次解答以下各小题

（1）将 Sheet 1 的名字改为：“综合测评计算表”，如图 24 所示。

（2）计算综合测评成绩＝智育总成绩×60%＋德育总成绩×30%+体育总成绩×10%。

（3）按综合测评成绩由高到低进行排序。

08123班综合测评计算表													
课程名称	课程1	课程2	课程3	课程4	课程5	智育总成绩	智育总成绩×	德育总成	德育总成	体育成绩	体育成绩	综合测评	备注
学分	2	3	2.5	4	3								
姓名													
张三	80	85	91	85	91	86.6	52.0	75	22.5	85	8.5		
李四	90	85	93	85	93	88.7	53.2	70	21	80	8		
王五	60	80	65	80	65	71.6	42.9	85	25.5	75	7.5		
赵六	70	75	71	75	71	72.8	43.7	85	25.5	70	7		
刘芳	75	70	72	70	72	71.4	42.9	70	21	85	8.5		
徐文	85	85	84	85	84	84.6	50.8	75	22.5	85	8.5		
李强	95	85	92	85	92	89.0	53.4	80	24	70	7		
闵由	65	70	64	70	64	67.0	40.2	85	25.5	75	7.5		
王慧	70	75	70	75	70	72.4	43.4	85	25.5	80	8		
陈凡	75	80	80	80	80	79.3	47.6	80	24	85	8.5		

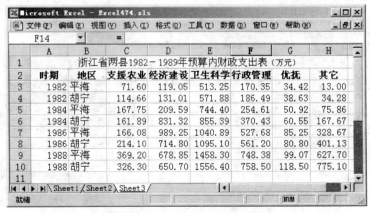

图 24　综合测评计算表

26. 请依次解答以下各小题

（1）使用 Sheet 1 工作表中的数据，计算总支出，结果放在相应的单元格中，如图 25 所示。

浙江省两县1982－1989年预算内财政支出表（万元）							
时期	地区	支援农业	经济建设	卫生科学	行政管理	优抚	其它
1982	平海	71.60	119.05	513.25	170.35	34.42	13.00
1982	胡宁	114.66	131.01	571.88	186.49	38.63	34.28
1984	平海	167.75	209.59	744.40	254.61	50.92	75.86
1984	胡宁	161.89	831.32	855.39	370.43	60.55	167.67
1986	平海	166.08	989.25	1040.89	527.68	85.25	328.67
1986	胡宁	214.10	714.80	1095.10	561.20	80.80	401.13
1988	平海	369.20	678.85	1458.30	748.38	99.07	627.70
1988	胡宁	326.30	650.70	1556.40	758.50	118.50	775.10

图 25　胡宁地区优抚筛选表

（2）使用 Sheet 2 工作表中的数据，以“地区”为主要关键字，以“时期”为次要关键字，以递增方式进行排序。

（3）使用 Sheet 3 工作表中的数据，筛选出优抚大于 70 万元且地区为胡宁的各行，并将表名改为“胡宁地区优抚筛选表”。

27. 请依次解答以下各小题

（1）将当前的工作表命名为“成绩表”，如图 26 所示。

（2）将 A12 的名称设为“平均分”，并用函数方法计算出所有学生各科的平均分。

（3）将各科按分数进行降序排序并查看信息。

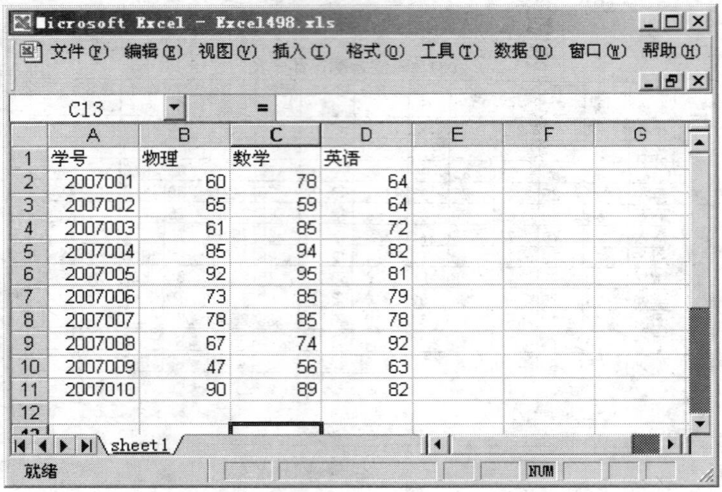

	A	B	C	D
1	学号	物理	数学	英语
2	2007001	60	78	64
3	2007002	65	59	64
4	2007003	61	85	72
5	2007004	85	94	82
6	2007005	92	95	81
7	2007006	73	85	79
8	2007007	78	85	78
9	2007008	67	74	92
10	2007009	47	56	63
11	2007010	90	89	82
12				

图 26　成绩表

28. 请依次解答以下各小题

（1）利用函数计算每位同学的总成绩（总成绩等于各门课程成绩总和），如图 27 所示。

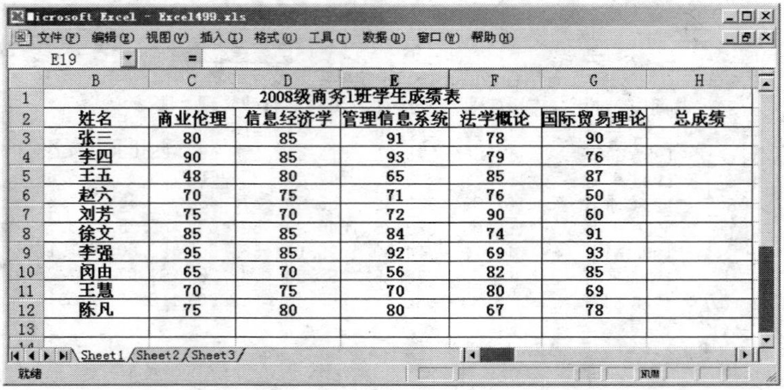

	B	C	D	E	F	G	H
1	2008级商务1班学生成绩表						
2	姓名	商业伦理	信息经济学	管理信息系统	法学概论	国际贸易理论	总成绩
3	张三	80	85	91	78	90	
4	李四	90	85	93	79	76	
5	王五	48	80	65	85	87	
6	赵六	70	75	71	76	50	
7	刘芳	75	70	72	90	60	
8	徐文	85	85	84	74	91	
9	李强	95	85	92	69	93	
10	闵由	65	70	56	82	85	
11	王慧	70	75	70	80	69	
12	陈凡	75	80	80	67	78	
13							

图 27　计算总成绩

（2）按总成绩由高到低进行排序。

（3）利用函数计算该班"商业伦理"课程的平均成绩，填入单元格 C13。

习题 4.1 选择题参考答案

1. A　2. A　3. A　4. C　5. B　6. B　7. A　8. C　9. B　10. A
11. D　12. D　13. B　14. B　15. D　16. A　17. B　18. A　19. A　20. A
21. A　22. D　23. C　24. D　25. A　26. B　27. C　28. D　29. A　30. B
31. C　32. B　33. D　34. B　35. D　36. A　37. C　38. C　39. B　40. D
41. C　42. B　43. D　44. A　45. C　46. B　47. B　48. D　49. B　50. D
51. B　52. B　53. C　54. B　55. A　56. A　57. D　58. A　59. B　60. B
61. C　62. B　63. A　64. D　65. C　66. B　67. C　68. D　69. C　70. C
71. B　72. C　73. C　74. B　75. B　76. C　77. B　78. B　79. A　80. B
81. D　82. B　83. A　84. C　85. D　86. C　87. B　88. D　89. B　90. D
91. D　92. B　93. D　94. B　95. B　96. C　97. B　98. C　99. C　100. A
101. B　102. D　103. B　104. D

习题 4.2 填空题参考答案

1. =D6*E6　　2. =（A2+C4）/4　　3. 区域　　　　4. 单引号
5. Del　　　　6. "单元格"　　　　7. "格式"　　　8. MAX
9. "网格线"　10. Shift　　　　　11. Ctrl　　　12. 行号
13. 列号　　　14. "全选"　　　　15. 批注　　　16. 14 类
17. 嵌入　独立　　　　　　　　　18. 当前　　　19. 工作簿名
20. 常量、函数、单元格引用

习题 4.3 判断题参考答案

1. √　2. √　3. √　4. ×　5. √　6. √　7. ×
8. ×　9. √　10. √　11. ×　12. √　13. √　14. ×　15. ×

五、PowerPoint 2003 部分

习题 5.1 选择题

1. PowerPoint 2003 演示文档的扩展名是____。

A. .ppt　　　　　B. .pwt　　　　　C. .xsl　　　　　D. .doc

2. 在 PowerPoint 中，改变正在编辑的演示文稿模板的方法是____。

A. 选择"格式"菜单中的"应用设计模板"命令

B. 选择"工具"菜单中的"版式"命令

C. 选择"幻灯片放映"菜单中的"自定义动画"命令

D. 选择"格式"菜单中的"幻灯片版式"命令

3. 在 PowerPoint 2003____视图中可以对幻灯片进行移动、复制和排序等操作。

A. 幻灯片　　　B. 幻灯片浏览　　　C. 幻灯片放映　　　D. 备注页

4. 在 PowerPoint 中，"格式"下拉菜单中的____命令可以用来改变某一幻灯片的布局。

A. "背景"　　　　B. "幻灯片版式" C. "幻灯片配色方案"　　　D. "字体"

5. 如果要在幻灯片浏览视图中选定多张幻灯片，应按下____。

A. Alt 键　　　　B. Shift 键　　　　C. Ctrl 键　　　　D. Tab 键

6. PowerPoint 2003 中，在浏览视图下，按住 Ctrl 键并拖动某幻灯片，可以完成____操作。

A. 移动幻灯片　　　B. 复制幻灯片　　　C. 删除幻灯片　　　D. 选定幻灯片

7. PowerPoint 2003 中，有关删除幻灯片的说法中错误的是____。

A. 选定幻灯片，单击"编辑"菜单中的"删除幻灯片"命令

B. 如果要删除多张幻灯片，切换到幻灯片浏览视图。按下 Ctrl 键并单击各张幻灯片，然后单击"删除幻灯片"按钮

C. 如果要删除多张不连续幻灯片，切换到幻灯片浏览视图。按下 Shift 键并单击各张幻灯片，然后单击"删除幻灯片"按钮

D. 在大纲视图下，单击选定幻灯片，按 Del 键

8. 在 PowerPoint 2003 演示文稿中，将某张幻灯片版式更改为"垂直排列文本"，应选择的菜单是____。

A. "视图"　　　　B. "插入"　　　　C. "格式"　　　　D. "幻灯片放映"

9. 在 PowerPoint 2003 中，幻灯片模板的设置可以____。

A. 统一整套幻灯片的风格　　　　B. 统一标题内容

C. 统一图片内容　　　　　　　　D. 统一页码内容

10. 在 PowerPoint 2003 幻灯片浏览视图下，不可以____。

A. 插入幻灯片　　　　　　　　　B. 改变幻灯片的顺序

C. 删除幻灯片　　　　　　　　　D. 编辑幻灯片中的文字

11. 在 PowerPoint 2003 中，新建演示文稿已选定"狂热型"应用设计模板，在文稿中插入一个新幻灯片时，新幻灯片的模板将____。

A. 采用默认型设计模板　　　　　B. 采用已选定设计模板

C. 随机选择任意设计模板　　　　D. 用户指定另外设计模板

12. 在 PowerPoint 2003 的____中插入的对象可出现在每张幻灯片中。

A. 版式　　　　B. 模板　　　　C. 母版　　　　D. 备注页

13. 在 PowerPoint 2003 中，为了在切换幻灯片时添加声音，可以使用____菜单中的"幻灯片切换"命令。

A. "幻灯片放映" B. "工具"　　　　C. "插入"　　　　D. "编辑"

14. 在 PowerPoint 2003 中，若为幻灯片中的对象设置飞入效果，应选择对话框____。

A. "自定义动画" B. "幻灯片版式" C. "自定义放映"　　　D. "幻灯处放映"

15. 欲为幻灯片中的文本创建超级链接，可用____菜单中的"超级链接"命令。

    A. "文件"   B. "编辑"   C. "插入"   D. "幻灯片"

16. 用户在 PowerPoint 2003 的演示文稿中添加超级链接后，可以利用它在放映幻灯片时跳转到设定的____。

    A. 其他的演示文稿   B. Word 文档或 Excel 电子表格

    C. URL   D. 以上均可

17. 关于 PowerPoint 2003 中"自定义动画"对话框的设置，下列说法____是正确的。

    A. 鼠标和时间都不能控制动画的启动

    B. 只能用鼠标来控制，不能用时间来控制动画的启动

    C. 既能用鼠标来控制，也能用时间来控制动画的启动

    D. 只能用时间来控制，不能用鼠标来控制动画的启动

18. 在 PowerPoint 2003 中，设置幻灯片放映时的换页效果为垂直百叶窗，应使用"幻灯片放映"菜单下的____选项。

    A. "动作按钮"   B. "幻灯片切换" C. "预设动画"   D. "自定义动画"

19. 在 PowerPoint 2003 中，对于演示文稿中不准备放映的幻灯片可以用____下拉菜单中的"隐藏幻灯片"命令隐藏。

    A. "工具"   B. "视图"   C. "编辑"   D. "幻灯片放映"

20. 在 PowerPoint 2003 中，对于已创建的多媒体演示文档可以用____命令转移到其他未安装 PowerPoint 2003 的计算机上放映。

    A. "文件→打包"   B. "文件→发送"

    C. "复制"   D. "幻灯片放映→设置幻灯片放映"

21. 自定义动画时，以下不正确的说法是____。

    A. 各种对象均可设置动画   B. 动画设置后，先后顺序不可改变

    C. 可以删除添加的效果   D. 动画设置后，先后顺序可以改变

22. 在幻灯片视图窗格中，在状态栏中出现了"幻灯片 2/7"文字，则表示____。

    A. 共有 7 张幻灯片，目前只编辑了两张

    B. 共有 7 张幻灯片，目前显示的是第 2 张

    C. 共编辑了 2/7 张的幻灯片

    D. 共有 9 张幻灯片，目前显示的是第 2 张

23. 下面哪种不是放映幻灯片的方法？____

    A. 演讲者放映   B. 观众自行浏览 C. 在展台浏览   D. 幻灯片浏览

24. 打印演示文稿时默认打印的内容是____。

    A. 幻灯片   B. 讲义   C. 备注页   D. 大纲视图

25. 在 PowerPoint 中，下面关于自定义放映说法错误的是____。

A. 可以创建一个或多个自定义放映方案

B. 可选择演示文稿中多张单独的幻灯片组成一个自定义放映方案

C. 可设定放映方案中各幻灯片的放映顺序

D. 不能对已创建的放映方案进行编辑或删除操作

26. PowerPoint 设置放映方式时，以下哪种放映幻灯片设置是错误的？____

A. 可设置为全部放映

B. 可设置放映从第 3～第 10 张幻灯片

C. 可选择已经设好的一种自定义放映方式

D. 不能设置，只能默认放映全部

27. 在 PowerPoint 2003 中，放映时，对于定位幻灯片说法错误的是____。

A. 单击右键，选择"上一张"或"下一张"命令

B. 单击右键，选择"定位至幻灯片"命令，再选择其中的某一张幻灯片

C. 单击右键，选择"自定义放映"命令，再选择其中的一张自定义放映

D. 不能定位，只能一张一张按顺序放映

28. 关于排练计时，下列说法正确的是____。

A. 必须通过"排练计时"命令设定演示时幻灯片的播放时间长短

B. 可以设定演示文稿中的部分幻灯片具有定时播放效果

C. 只能通过排练计时来修改设置好的自动演示时间

D. 可以通过"设置放映方式"对话框来更改自动演示时间

29. 在 PowerPoint 2003 中，关于设置放映时间，错误的说法是____。

A. 单击"幻灯片放映"下拉菜单的"幻灯片切换"命令，选中"每隔"复选框，输入时间

B. 单击"幻灯片放映"下拉菜单的"幻灯片切换"命令，选中"每隔"复选框，输入时间，并单击"应用于所有幻灯片"按钮

C. 单击"幻灯片放映"菜单下的"排练计时"命令并设置时间

D. 使用"排练计时"命令时，放映到最后一张幻灯片时，系统不会显示总共放映的时间

30. 对 PowerPoint 2003 演示文稿进行加密保护，正确的操作是____。

A. 在"工具"下拉菜单中单击"选项"命令，选择"安全性"选项卡进行设置

B. "格式"下拉菜单

C. "表格"下拉菜单

D. "视图"下拉菜单

31. 下列说法错误的一项是____。

A. 在 PowerPoint 中可插入电影

B. 在 PowerPoint 中可插入声音

C. 在 PowerPoint 中可进行录音

D. 在 PowerPoint 中不能插入电影、声音和录音

32. 在 PowerPoint 中，可以在____中将幻灯片设置成纵向或横向。

A. 幻灯片版式　　　　　　　　B. 幻灯片切换

C. 应用设计模板　　　　　　　D. 页面设置

33. 在 PowerPoint 的一张幻灯片中，若一幅图片及文本框都设置成一致的动画显示效果时，则____是正确的。

A. 图片有动画效果，文本框没有动画效果

B. 图片没有动画效果，文本框有动画效果

C. 图片有动画效果，文本框有动画效果

D. 图片没有动画效果，文本框没有动画效果

习题 5.2　填空题

1. PowerPoint 2003 窗口中有 5 个视图切换按钮，它们分别是大纲视图、幻灯片视图、幻灯片放映、_____和备注视图。

2. 幻灯片的母版类型包括_____、标题母版、讲义母版和备注母版。

3. 在放映幻灯片时，若要中途退出播放状态，应按_____功能键。

4. 在 PowerPoint 中，为每张幻灯片设置切换声音效果的方法是使用"幻灯片放映"菜单下的_____命令。

5. 在 PowerPoint 中，能够观看演示文稿的整体实际播放效果的视图格式是____。

6. PowerPoint 的扩展名为_____，模板的扩展名为_____。

7. 在"设置放映方式"对话框中有 3 种放映类型，分别为_____、_____和_____。

8. 在设置放映时间时用户可以采用两种方法：_____和_____。

9. 利用_____用户可以快速统一演示文稿的外观。

10. 在进行演讲者放映时，用户使用绘图笔不仅可以画线，还可以_____和_____。

习题 5.3　判断题

1. PowerPoint 2003 幻灯片设计的配色方案中，配色方案只能应用于所有幻灯片。　　　　　　（　　）

2. 在配色方案中，可以自定义配色方案颜色并添加为标准配色方案，也可删除某种配色方案。　　　　　　（　　）

3. 在一张幻灯片或者母版上可以应用多种背景类型。　　　（　　）

4. 幻灯片可以设置图片背景、过渡、纹理、图案效果。　　（　　）

5. 标题母版和幻灯片母版共同决定了整个演示文稿的外观。（　　）

6. 标题母版能影响所有版式的幻灯片。　　　　　　　　　（　　）

7. 幻灯片切换效果只能应用于所有幻灯片。 （　　）

8. 用户不但可以为幻灯片中的文本对象设置动画效果，还可以为图片、艺术字、组织结构图、图形等对象设置"爆炸"的强调动画效果。 （　　）

9. 要设置幻灯片放映的时间间隔，可以人工设置放映时间和排练计时。

（　　）

10. 用户可以利用超链接将某一段文本或图片链接到另一张幻灯片。

（　　）

习题 5.4　操作题

1. 请完成如下操作

（1）把如图 1 所示的幻灯片切换设为垂直百叶窗。

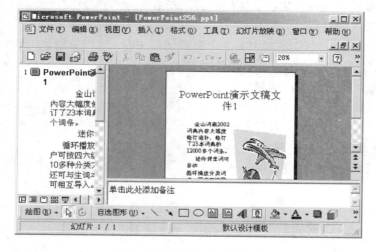

图 1　设置幻灯片大小及方向

（2）把页面设置为幻灯片大小为屏幕大小，幻灯片方向为横向。

2. 请依次解答以下各小题

（1）在如图 2 所示的第 1、第 2 张幻灯片中分别添加标题"Palm 和 Pocket PC"和"行业应用+个人消费"，并将演示文稿的模板设置为 Bold Stripes.pot 模板。

（2）将第 1 张幻灯片的切换方式设为向下插入，第 2 张幻灯片的切换方式设为向左下插入；其他选项一致，均为中速、单击鼠标换页、无声音。

3. 请依次解答以下各小题

（1）把如图 3 所示的第 2 张和第 3 张幻灯片交换位置。

（2）对房屋、图表、动物进行动画设置，均选择左侧飞入效果。

4. 请依次解答以下各小题

（1）在如图 4 所示的第 1、第 2 张幻灯片的标题区分别输入"走近 CORBA"

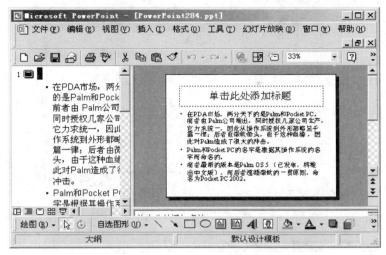

图2 为幻灯片添加标题

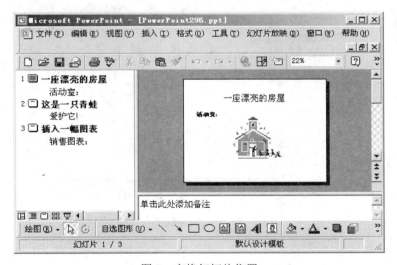

图3 交换幻灯片位置

和"JAVA 编程语言及其他"（注意大写），字体均设置为红色（提示：用自定义标签中的红色 255、绿色 0、蓝色 0 来设置红色）、黑体、加粗、54 磅。

（2）将第 1 张幻灯片版式改变为"垂直排列标题与文本"版式；将全部幻灯片切换效果设置成水平百叶窗。

5. 请依次完成以下各小题

（1）将如图 5 所示的第 1 张幻灯片的副标题区（即第二个占位符）动画效果设为螺旋。

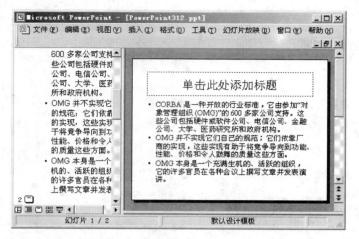

图 4　改变幻灯片版式

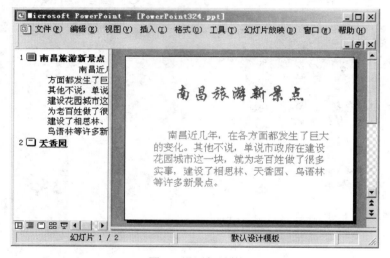

图 5　设置超链接

（2）将第 1 张幻灯片第二个占位符中的"天香园"3 个字加上一个超链接，单击时能跳到第 2 张幻灯片。

6. 请依次解答以下各小题

（1）将如图 6 所示的第一张幻灯片版式改变为"垂直排列标题与文本"，该幻灯片中各对象的动画效果均设置成左侧飞入。

（2）将全部幻灯片切换效果设置成溶解，整个文稿设置成 Ribbons.pot 模板。

7. 请依次解答以下各小题

（1）在如图 7 所示的第 1、第 2 张幻灯片的标题区分别输入"为什么铁在月球上不生锈"（不要双引号），字体为宋体、加粗、居中、44 号字、加下划线。

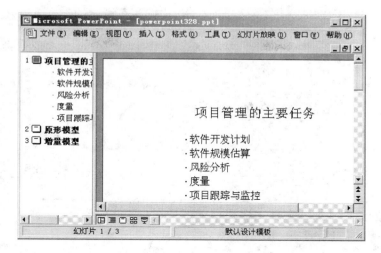

图 6　设置动画效果

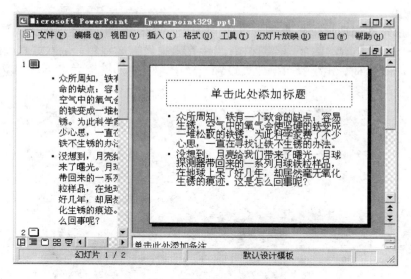

图 7　设置幻灯片标题

（2）将第 1 张幻灯片切换效果设置成水平百叶窗，第 2 张幻灯片切换效果设置成向左插入。将第 2 张幻灯片中图片对象的动画效果设置为伸展（水平方向）。

8. 请依次完成以下各小题

（1）将如图 8 所示的幻灯片的版式改为"文本与剪贴画"版式，并在剪贴画占位符中插入任意一幅图片，且将其动画效果设为回旋。

（2）为幻灯片设置页脚，内容是"计算机基础"，在幻灯片中插入当前日期和幻灯片编号，并将上述三项内容显示出来。

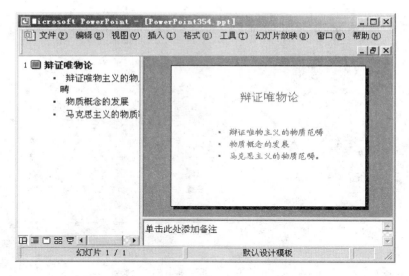

图 8　插入页脚

9. 请依次完成以下各小题

（1）将图 9 所示的全部幻灯片背景填充效果设置成双色，底纹式样为横向。

（2）将全部幻灯片的切换效果设置成随机、中速，换页方式为单击鼠标或每隔 30 s 自动切换。

图 9　设置动画效果

10. 请依次解答以下各小题

（1）在如图 10 所示的第一张幻灯片前插入一张"标题"幻灯片，主标题为"数据结构讲稿"，副标题为"第一章　绪论"；主标题文字设置为隶书、60 磅、加粗；副标题文字设置成宋体、44磅、倾斜。

（2）全部幻灯片用应用设计模板中的 Ricepaper.pot 做背景；所有幻灯片切换设置为中速、向上插入。

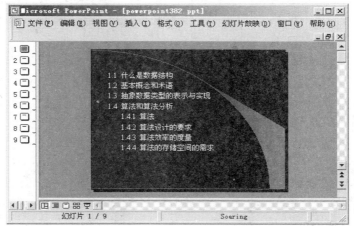

图10 设置幻灯片标题

11. 请依次解答以下各小题

（1）选择如图11所示的第1张和第2张幻灯片中的标题"我爱运动（一）"和"我爱运动（二）"，设置成动画：左侧飞入。

（2）设置全部幻灯片放映时的切换方式为盒状展开，换页方式为每隔 5 s 自动换页，取消点击鼠标换页方式。

图11 设置幻灯片标题

习题 5.1　选择题参考答案

1. A　　2. A　　3. B　　4. B　　5. C　　6. B　　7. C　　8. C　　9. A　　10. D

11. B　　12. C　　13. A　　14. A　　15. C　　16. D　　17. C　　18. B　　19. D　　20. A

21. B　　22. B　　23. D　　24. A　　25. D　　26. D　　27. D　　28. B　　29. D　　30. A

31. D　　32. D　　33. C

习题 5.2　填空题参考答案

1. 幻灯片浏览　　　　　2. 幻灯片母版　　　　3. Esc　　　　4. "幻灯片切换"

5. 幻灯片放映视图　　6. ppt　pot

7. 演讲者放映　观众自行浏览　在展台浏览

8. 人工设置放映时间　设置排练计时　　　　9. 设计模板

10. 书写文字　绘画

习题 5.3　判断题参考答案

1. ×　　2. √　　3. ×　　4. √　　5. √　　6. ×　　7. ×　　8. √　　9. √　　10. √

六、计算机网络部分

习题 6.1　选择题

1. 双绞线由两条相互绝缘的导线绞合而成，下列关于双绞线的叙述，不正确的是____。

A. 它既可以传输模拟信号，也可以传输数字信号

B. 安装方便，价格较低

C. 不易受外部干扰，误码率较低

D. 通常只用作建筑物内局域网的通信介质

2. 目前人们普遍采用 Modem 通过电话线上网（Internet），其所使用的传输速率大约是____。

A. 1.44～56 kbps　　　　　　　　B. 14 400 bps 以下

C. 1～10 Mbps　　　　　　　　　D. 56 kbps 以上

3. 在 ISO/OSI 的七层模型中，负责路由选择，使发送的分组能按其目的地址正确到达目的站的层次是____。

A. 网络层　　　B. 数据链路层　　　C. 传输层　　　D. 物理层

4. 在计算机网络中，一端连接局域网中的计算机，一端连接局域网中的传输介质的部件是____。

A. 双绞线　　　B. 网卡　　　C. BNC 接头　　　D. 终结器（堵头）

5. 下面 WWW 的描述不正确的是____。

A. WWW 是 World Wide Web 的缩写，通常称为"万维网"

B. WWW 是 Internet 上最流行的信息检索系统

C. WWW 不能提供不同类型的信息检索

D. WWW 是 Internet 上发展最快的应用

6. 电子邮件使用下面的____协议。

A. SMTP   B. FTP   C. UDP   D. Telnet

7. C 类 IP 地址的最高位字节的 3 个二进制位，从高到低依次是____。

A. 010   B. 110   C. 100   D. 101

8. 叙述总线型拓扑结构传送信息的方式正确的是____。

A. 先发送后检测 B. 实时传送   C. 争用方式   D. 缓冲方式

9. TCP/IP 协议的含义是____。

A. 局域网的传输协议   B. 拨号入网的传输协议

C. 传输控制协议和网际协议   D. OSI 协议集

10. 在局域网上的所谓资源，是指____。

A. 软设备   B. 硬设备

C. 操作系统和外围设备   D. 所有的软、硬件设备

11. 在 Internet 服务中，标准端口号是指____。

A. 网卡上的物理端口号   B. 主机在 Hub 上的端口号

C. 网卡在本机中的设备端口号   D. TCP/IP 协议中定义的服务端口号

12. 下列选项中正确的电子邮件地址是____。

A. something：njupt.edu.cn   B. mail：something@njupt.edu.cn

C. something@njupt.edu.cn   D. something@sina

13. 计算机网络的 3 个主要组成部分是____。

A. 若干数据库、一个通信子网、一组通信协议

B. 若干主机、电话网、大量终端

C. 若干主机、电话网、一组通信协议

D. 若干主机、一个通信子网、一组通信协议

14. 以下关于 56 kbps Modem 的叙述，不正确的是____。

A. 上行速率实际只有 33.6 kbps，下行速率才是 56 kbps

B. 上、下行速率都是 56 kbps

C. 56 kbps 的速率需要在 ISP（网络管理部门）端配置相应设备才能实现

D. 当线路条件不好或者被访问的站点拥塞时，传输速度达不到 56 kbps

15. 下列关于局域网的叙述，不正确的是____。

A. 使用专用的通信线路，数据传输率高

B. 能提高系统的可靠性、可用性

C. 通信延迟较小，可靠性较好

D. 不能按广播方式或组播方式进行通信

16. 局部地区通信网络简称为局域网，英文缩写为____。

A. WAN   B. LAN   C. GSM   D. MAN

17. 影响局域网特性的几个主要技术中最重要的是____。

A. 传输介质
B. 介质访问控制方法
C. 拓扑结构
D. LAN 协议

18. 计算机网络最突出的优点是____。

A. 运算速度快
B. 共享硬件、软件和数据资源
C. 精度高
D. 内存容量大

19. 按照网络分布和覆盖的地理范围，可将计算机网络分为____。

A. 局域网、互联网和 Internet
B. 广域网、局域网和城域网
C. 广域网、互联网和城域网
D. Internet、城域网和 Novell 网

20. 计算机网络技术包含的两个主要技术是计算机技术和____。

A. 微电子技术
B. 通信技术
C. 数据处理技术
D. 自动化技术

21. 在计算机网络中，表征数据传输可靠性的指标是____。

A. 误码率
B. 频带利用率
C. 信道容量
D. 传输速率

22. 调制解调器（Modem）的功能是实现____。

A. 模拟信号与数字信号的转换
B. 数字信号的编码
C. 模拟信号的放大
D. 数字信号的整形

23. 一座建筑物内的几个办公室要实现联网，应该选择下列____方案。

A. PAN
B. LAN
C. MAN
D. WAN

24. 最早出现的计算机互联网络是____。

A. Apparent
B. EtherNET
C. BITNET
D. Internet

25. 域名 Yahoo.com 中的顶级域名 com 代表____。

A. 非营利性组织
B. 政府机构
C. 商业机构
D. 网络机构

26. 计算机网络中常用的有线传输介质有____。

A. 双绞线、红外线、同轴电缆
B. 同轴电缆、激光、光纤
C. 双绞线、同轴电缆、光纤
D. 微波、双绞线、同轴电缆

27. 中国公用互联网络简称为____。

A. GBNET
B. CERNET
C. CHINAENET
D. CASNET

28. 通常一台计算机要接入互联网，应该安装的设备是____。

A. 网络操作系统
B. 调制解调器或网卡
C. 网络查询工具
D. 浏览器

29. 目前网络传输介质中传输速率最高的是____。

A. 双绞线
B. 同轴电缆
C. 光缆
D. 电话线

30. 网卡（网络适配器）的主要功能不包括____。

A. 将计算机连接到通信介质上
B. 进行电信号匹配
C. 实现数据传输
D. 网络互联

31. 网络中使用的传输介质中，抗干扰性能最好的是____。

A. 双绞线　　　　B. 光缆　　　　C. 细缆　　　　D. 粗缆

32. 局域网常用的传输介质是____。

A. 电话线　　　　B. 光缆　　　　C. 双绞线和同轴电缆　D. 金属丝

33. 浏览 Web 网站必须使用浏览器，目前常用的浏览器是____。

A. Hotmail　　　　　　　　　B. Outlook Express

C. Inter Exchange　　　　　　D. Internet Explorer

34. 计算机网络为实现通信的目的，要求网络上的所有计算机共同遵守一定的规则，此规则称为____。

A. 网络协议　　　B. 网络合同　　　C. 网络语言　　　D. 网络守则

35. 前在 Internet 上普遍使用的网络协议是____。

A. CP 协议　　　B. IP 协议　　　C. IPX 协议　　　D. TCP/IP 协议

36. IE 6.0 是____。

A. 网络协议　　　B. 域名　　　　C. 浏览器　　　　D. 搜索引擎

37. IE 浏览器浏览网页，在地址栏中输入网址时，通常可以省略的是____。

A. http：//　　　B. ftp：//　　　C. www　　　　D. news：//

38. 浏览 WWW 使用的地址称为 URL，URL 是指____。

A. IP 地址　　　B. 主页　　　　C. 统一资源定位器　　D. 主机域名

39. 将一台用户主机以仿真终端方式登录到一个远程的分时计算机系统，称为____。

A. 浏览　　　　　B. FTP　　　　C. 链接　　　　D. 远程登录

40. 浏览网页信息时单击页面上的超链接____。

A. 只能出现文字信息　　　　　B. 可能进入一个网站主页

C. 不能链接声音文件　　　　　D. 只能链接本地网站

41. 搜索引擎可以用来____。

A. 收发电子邮件　　　　　　　B. 拨打网络电话

C. 发布信息　　　　　　　　　D. 检索网络信息

42. IP 地址由____位二进制数组成。

A. 16　　　　　　B. 32　　　　　C. 64　　　　　D. 128

43. 下面属于合法的 IP 地址的是____。

A. 193.234.97.3　　　　　　　B. 202，120，0，1

C. 213；368；23；45　　　　D. 145/123/43/54

44. 根据域名代码规定，域名 katong.com.cn 表示的网站类别是____。

A. 教育机构　　　B. 军事部门　　　C. 商业组织　　　D. 国际组织

45. 表示网络机构的扩展域名是____。

A. gov　　　　　B. com　　　　C. edu　　　　　D. net

46. 下列各项中表示网站域名的是____。

A. 168.251.12.0　　　　　　　　B. Liyang@163.com

C. www.liyang.net　　　　　　　D. http：//

47. 政府部门主页的最高域名是____。

A. com　　　　　B. net　　　　　C. edu　　　　　D. gov

48. 主机域名 hz.zj.cninfo.net 由 4 个子域组成，其中表示最高层域的是____。

A. net　　　　　B. zj　　　　　C. cninfo　　　　　D. hz

49. 下列域名中，表示教育机构的是____。

A. ftp.bta.net.cn　　　　　　　B. ftp.cnc.ac.cn

C. www.ioa.ac.cn　　　　　　　D. www.buaa.edu.cn

50. 统一资源定位器 URI 的格式是____。

A. 协议：//IP 地址或域名/路径/文件名

B. 协议：//路径/文件名

C. TCP/IP 协议

D. http 协议

51. 在 Internet 中，用字符串表示的 IP 地址称为____。

A. 账户　　　　　B. 域名　　　　　C. 主机名　　　　　D. 用户名

52. 用户的电子邮件信箱是____。

A. 通过邮局申请的个人信箱　　　B. 邮件服务器内存中的一块区域

C. 邮件服务器硬盘上的一块区域　D. 用户计算机硬盘上的一块区域

53. 在发送电子邮件时，在邮件中____附件。

A. 只能插入文本文件　　　　　　B. 只能插入声音文件

C. 只能插入图形文件　　　　　　D. 根据需要可插入不同类型的文件

54. BBS 是____。

A. 网上论坛的简称　　　　　　　B. 网络聊天室的简称

C. 校园网的简称　　　　　　　　D. 广域网的简称

55. 如果无法显示当前网页，可以尝试____操作。

A. 单击"后退"按钮　　　　　　　B. 单击"停止"按钮

C. 单击"刷新"按钮　　　　　　　D. 单击"搜索"按钮

56. 为了指导计算机网络的互联、互通和互操作，ISO 颁布了 OSI 参考模型，其基本结构分为____。

A. 6 层　　　　　B. 5 层　　　　　C. 7 层　　　　　D. 4 层

57. OSI（开放系统互联）参考模型的最低层是____。

A. 传输层　　　　B. 网络层　　　　C. 物理层　　　　D. 应用层

58. 在 Internet 中，用户通过 FTP 可以____。

A. 发送和接收电子邮件　　　　　B. 上传和下载任何文件

C. 浏览远程计算机上的资源　　　D. 进行远程登录

习题 6.2　填空题

1. 计算机网络是一门综合技术的合成，其主要技术是_____技术与_____技术。

2. 当前使用的 IP 地址是_____bit。

3. 域名服务器上存放着 Internet 主机的_____和 IP 地址的对照表。

4. 在 Internet 上常见的一些文件类型中，_____文件类型一般代表 WWW 页面文件。

5. 如果要把一个程序文件和已经编辑好的邮件一起发给收信人，应当单击 Outlook Express 窗口中的_____按钮。

6. 子网掩码的作用是划分子网，子网掩码是_____位的。

7. 一个四段 IP 地址分为两部分，为_____地址和_____地址。

8. 网上邻居可以浏览到同一_____内和_____中的计算机。

9. 需要服务器提供共享资源，应向网络系统管理员申请账号，包括_____和____。

10. 可以将网上邻居中允许共享的文件夹_____为本地机的资源。

11. URL 的基本形式是_____：//_____。

12. 万维网上的文档称为_____。

13. 利用 Outlook Express 发邮件，必须设置_____。

14. IPX/SPX 是_____公司的_____网通信协议。

习题 6.3　简答题

1. 三代计算机网络各有哪些主要特点？

2. 如何实现资源共享？

3. TCP/IP 都有哪些配套协议？

4. 为什么 IP 地址的主机地址部分不能全为"1"？

5. 怎样设置 Windows 网络应用？

6. 子网掩码起什么作用？

7. 建立拨号连接，什么是 TCP/IP 的主要参数？

8. HTML 的含义是什么？

9. 脱机浏览是立即与 Internet 断开还是设为下次可以不联网就可以浏览？

10. 什么是匿名登录？

习题 6.1　选择题参考答案

1. C	2. A	3. A	4. B	5. B	6. A	7. B	8. C	9. C	10. D
11. D	12. C	13. D	14. B	15. D	16. B	17. B	18. B	19. B	20. B
21. A	22. A	23. B	24. A	25. C	26. C	27. C	28. B	29. C	30. B
31. B	32. C	33. D	34. A	35. D	36. C	37. A	38. C	39. D	40. B
41. D	42. B	43. A	44. C	45. D	46. C	47. D	48. A	49. D	50. A

51. B　52. C　53. D　54. A　55. C　56. C　57. C　58. B

习题 6.2　填空题参考答案

1. 通信　计算机　　2. 32　　　　3. 域名　　　　　4. HTML
5. "附加"　　　　　6. 32　　　　7. 网络，主机　　8. 局域网　工作组
9. 用户名　密码　　10. 映射　　　　　　　　　　　11. 协议名，地址
12. 网页　　　　　　13. 账号　　　　　　　　　　　14. Novell　局域

习题 6.3　简答题参考答案

1. 第一代计算机网络称为面向终端的计算机网络，在这种系统中，一端是没有处理能力的终端设备（如由键盘和显示器构成的终端机），它只能发出请求叫另一端做什么，另一端是大中型计算机，可以同时处理多个远方终端发来的请求。

第二代计算机网络的特点是连入网中的每台计算机本身是一台完整的独立设备。它可以自己独立启动、运行和停机。大家可以共享系统的硬件、软件和数据资源。

第三代计算机网络以网络体系结构"国际标准化"为主要特点，网络体系结构包括所有的网络组成成分，如计算机软件、硬件和通信线路，各个组成成分的功能和它们的相互关系需要网络体系结构作出规定和说明。

2. 网络中的资源包括软件资源和硬件资源。软件资源包括各类软件文档和数据库，硬件资源主要包括存储设备，如磁盘，输出设备，如打印机，一般由服务器支持共享功能和管理资源外设。一台计算机通过软硬件配置可以充当文件服务器、打印服务器、邮件服务器和数据库服务器等多种角色，如果一台计算机允许网络中的其他用户访问本机的磁盘文件，即具有了文件服务的功能。

3. 主要的协议有：

TCP：传输控制协议；

IP：网际协议；

UDP：用户数据报协议；

ICMP：网际控制信息协议；

SMTP：简单邮件传输协议；

SNMP：简单网络管理协议；

FTP：文件传输协议；

ARP：地址解析协议；

Telnet：远程登录协议；

Http：超文本传输协议；

Nttp：网络新闻传输协议；

POP3：邮局协议。

4. IP 地址的主机地址部分全为 1，即十进制数 255，被用作广播地址。

5. 设置 Windows 网络应用一般包括：① 物理连接，安装网卡，向网络管理

员申请账号等。② 软件设置，安装客户机支持、网卡驱动程序、TCP/IP 协议、局域网通信协议等。③ 设置共享资源和访问控制。

6. 在 TCP/IP 中通过子网掩码来表明本网是如何划分的。将子网掩码和 IP 地址进行"与"运算，即可区分一台计算机是本地网络还是远程网络。

7. 主要包括设定主机 IP 地址为自动获取。

8. 超文本标记语言。

9. 利用脱机浏览使得以后不必连接 Internet 也可以浏览该页的内容。

10. 匿名登录是用户不必向服务器管理员申请账号就可以访问该服务器提供的软件资源。